BIBLIOTHÈQUE DES MERVEILLES

LE MAGNÉTISME

PAR

R. RADAU

DEUXIÈME ÉDITION
ILLUSTRÉE DE 104 GRAVURES D'APRÈS LES DESSINS
DE B. BONNAFOUX, A. JAHANDIER, ETC.

PARIS
L'IBRAIRIE HACHETTE ET Cie
79, BOULEVARD SAINT-GERMAIN, 79

1881

BIBLIOTHÈQUE

DES MERVEILLES

PUBLIÉE SOUS LA DIRECTION

DE M. ÉDOUARD CHARTON

LE MAGNÉTISME

OUVRAGE DU MÊME AUTEUR

PUBLIÉ PAR LA LIBRAIRIE HACHETTE ET Cie

L'Acoustique, 2e édition. 1 volume in-18 jésus illustré de 116 vignettes par LOESCHIN, JAHANDIER, etc. Broché, 2 fr. 25. — Cartonné, 3 fr. 50.

1404 — Imprimerie A. Lahure, rue de Fleurus, 9, à Paris.

LE

MAGNÉTISME

LES AIMANTS

CHAPITRE PREMIER

LA PIERRE D'AIMANT CHEZ LES ANCIENS

La chute des corps, que le lien de la pesanteur ramène sans cesse vers la terre, est un phénomène qui a dû de tout temps frapper l'esprit des hommes. Plus mystérieux encore devait paraître ce mouvement, en apparence spontané, par lequel un morceau de fer s'élance vers la pierre d'aimant ; il y a là comme une sympathie élective qui tient du surnaturel. Alexandre d'Aphrodisias cherche à en rendre compte en disant que l'aimant n'est probablement pas autre chose que la terre qui donne le fer, desséchée et durcie par une cause ou une autre, et que le fer s'élance vers cette terre pour y trouver la nourriture qui lui est propre. Cette explication prouve au moins que les Grecs n'ignoraient pas que l'aimant est un minerai de fer.

Les anciens ont donné à l'aimant naturel quatre ou cinq noms différents, dont plusieurs se rapportent en même temps à d'autres corps ; il est fort difficile aujourd'hui de démêler dans leurs écrits les faits bien constatés et les légendes nées d'un malentendu ou d'une confusion de mots. Aristote l'appelle simplement « la pierre ». Ailleurs on rencontre le nom de *pierre sidérite,* pierre de fer. Le nom primitif de l'aimant paraît avoir été celui de *pierre héraclée,* c'est-à-dire pierre d'Hercule, pierre forte, pierre héroïque, d'après l'étymologie la plus vraisemblable, et non pierre d'Héraclée, comme le veulent quelques auteurs anciens. C'est l'opinion que soutient M. Th. Henri Martin, dans sa savante dissertation *de l'Aimant.* Ce n'est qu'une fausse interprétation de ce nom qui a fait croire à Platon et à d'autres écrivains grecs que l'aimant venait surtout d'une ville d'Héraclée, près du mont Latmus, en Carie. Une autre erreur a fait naître l'opinion que ce minerai se trouvait en abondance près d'une des villes qui portaient le nom de Magnésie : c'est le nom de *pierre magnète*[1], donné plus tard à l'aimant, probablement parce qu'on le confondait avec une espèce de talc qui ressemble à l'argent, et qui était ainsi désigné. On a donc prétendu, pour expliquer après coup ce nom devenu

[1] Μαγνῆτις λίθος, parfois aussi *μάγνης* ou *μαγνήτης*.

dominant, que l'aimant avait été découvert pour la première fois dans le pays des Magnésiens; d'autres disaient qu'il l'avait été par un berger de la Troade, appelé Magnès, qui s'était aperçu que la pointe de son bâton ferré et les clous de ses chaussures se collaient à cette pierre. Quoi qu'il en soit de cette étymologie, qui restera toujours obscure, la langue latine adopta le mot *magnes* pour désigner l'aimant naturel, et en langue romane il s'appela *magnète*.

Le nom français de l'aimant vient d'un autre malentendu, assez étrange, dont il faut chercher l'origine chez Pline l'Ancien. Cet auteur confond plus d'une fois l'aimant et le diamant; il prête à l'*adamas* une puissance supérieure à celle du *magnes* pour attirer le fer. Au moyen âge, le mot *adamas*, sans cesser d'être le nom du diamant, désigne aussi l'aimant, ou du moins un prétendu diamant magnétique. Puis l'on commence à employer le mot *diamas* pour distinguer la pierre fine de l'oxyde de fer magnétique, pour lequel la langue romane adopte le nom d'*aymant*, considéré peut-être comme une traduction du mot *adamas*, dont on avait perdu l'étymologie grecque. — Voilà donc l'origine et les étapes successives des divers noms qui ont servi ou qui servent encore à désigner la pierre mystérieuse qui a la propriété d'attirer le fer.

Les propriétés de l'aimant n'ont guère été étudiées par les anciens d'une manière sérieuse. Dans ces

[1] Ἀδάμας, indomptable. — Au reste le diamant, lorsqu'on le frotte, s'électrise et attire les corps légers, comme l'ambre jaune.

temps-là, on n'avait pas encore appris à peser la valeur des faits : une fable quelconque, une fois consacrée par un auteur, se perpétuait, grâce à l'insouciance avec laquelle la répétaient tous les écrivains postérieurs. On ne vérifiait jamais, on s'évertuait seulement à chercher des explications pour des faits controuvés. Il serait oiseux de dresser la liste de tous les récits merveilleux qui se rapportent à la pierre d'aimant.

Ptolémée affirme que les vaisseaux qui vont aux îles Manioles, situées entre Taprobane et la Chersonèse d'Or (entre Ceylan et Malacca), sont retenus par une force mystérieuse, si les constructeurs n'ont pas eu la précaution de remplacer les clous de fer par des chevilles de bois, et il se demande si ce phénomène ne serait pas dû à la présence de mines d'aimant. Des traditions analogues se rencontrent chez les écrivains arabes et chinois. Edrisi dit qu'aucun navire garni de clous de fer ne peut passer auprès d'une montagne située dans la mer, à peu de distance du détroit de Bab-el-Mandeb, sans être attiré et retenu par elle, et l'auteur chinois Sosoung attribue le même pouvoir magnétique aux côtes de la Cochinchine. Selon Pline, il y a près de l'Indus deux montagnes dont l'une attire le fer et l'autre le repousse, en sorte que, si un voyageur a des clous de fer sous ses souliers, sur l'une des deux montagnes il ne peut pas poser le pied à terre, et sur l'autre ses pieds restent attachés au sol.

Tout aussi merveilleuses sont les applications qui, selon les auteurs anciens, auraient été faites du pouvoir de l'aimant. Il existe une longue série de légendes relatives à des objets suspendus librement dans l'air et soutenus par des attractions magnétiques qui les tirent en sens contraires. Saint Augustin parle d'une statue de fer qui reste en équilibre au milieu de l'air, grâce à deux aimants cachés dans le pavé et dans la voûte d'un temple qu'il ne nomme pas. D'après Suidas, une statue de cuivre était suspendue par ce moyen dans le temple de Sérapis, à Alexandrie; on avait caché dans la tête un morceau de fer, et une pierre d'aimant fixée à la toiture du temple attirait la statue en haut, mais elle était retenue à moitié chemin entre le sol et la voûte par des procédés ingénieux, sur la nature desquels Suidas ne s'explique point. Selon le Talmud, les veaux sacrés de Jéroboam étaient soutenus par un moyen semblable, enfin, Hildebert rapporte que le tombeau de Mahomet est maintenu en l'air par les attractions égales et opposées de deux puissants aimants. — L'impossibilité d'une pareille suspension sans point d'appui est facile à démontrer; Porta et Kircher l'ont sans peine établie. L'équilibre d'un corps soumis seulement à deux attractions contraires est essentiellement instable, comme celui des objets qu'un acrobate parvient à balancer un instant au bout d'une perche appuyée sur son front ou sur la paume de sa main. Kircher[1] ajoute cependant qu'un objet de fer pourrait rester suspendu au-dessous d'un aimant, à une très petite distance de ce dernier, s'il était retenu en bas par un

[1] *De Arte Magnetica*. 1641.

fil qui l'empêcherait de céder à l'attraction : ce serait en quelque sorte une suspension matérielle renversée, où le poids, représenté par la force de l'aimant, agirait de bas en haut.

Au milieu de ces récits fabuleux, on rencontre pourtant quelques faits d'une certaine portée. Platon, Lucrèce, Pline et beaucoup d'autres connaissent l'expérience des anneaux : lorsqu'on approche d'un aimant un anneau de fer doux, l'anneau s'y attache ; un second anneau s'attache au premier, un troisième au second, et ainsi de suite, de sorte qu'il se forme une chaîne par le simple contact. Les auteurs qui décrivent cette expérience savent déjà que l'aimant communique sa vertu au fer qui s'y attache, et que cette aimantation temporaire cesse avec le contact. Le poète Claudien constate que l'aimant se fortifie par le contact du fer, et qu'il perd de sa force quand on l'en sépare. Lucrèce a vu des morceaux de fer s'agiter dans un bassin d'airain lorsqu'on passait un aimant au-dessous du vase. La pénétration du pouvoir magnétique à travers tous les corps solides était connue de très bonne heure.

Les anciens connaissaient-ils aussi la propriété des aimants de s'attirer lorsqu'on rapproche les pôles de nom contraire, de se repousser lorsqu'on rapproche les pôles de même nom ? Pline rapporte seulement qu'une espèce d'aimant éthiopien attire les autres aimants, — que la pierre *théamède*, que l'on trouve également en Éthiopie, repousse le fer. Suivant Marcellus de Bordeaux, médecin de Théodose le Grand, il existe une espèce particulière d'aimant, l'aimant *antiphyson* (qui souffle en sens contraire), lequel repousse le fer après l'avoir attiré. Plutarque, à son tour, constate que tantôt l'aimant traîne le fer à sa suite, tantôt l'écarte de lui. Il s'agit là évidemment de faits réels mal observés, car aucun des écrivains qui mentionnent la répulsion magnétique ne se doute que le fer repoussé est un fer aimanté, ne signale la propriété des pôles, et ne songe à décrire les circonstances dans lesquelles le phénomène se produit. En résumé, les anciens ne paraissent avoir connu les propriétés réelles de l'aimant que d'une manière très incomplète et très vague; en revanche, ils se sont plu à lui prêter une foule de vertus imaginaires : il réconcilie les frères et même les époux brouillés ensemble; il suffit de porter un aimant sur soi pour plaire à tout le monde et pour acquérir le don de la parole; un aimant pendu au cou calme le mal de tête, et ainsi de suite.

Si les philosophes grecs n'ont guère approfondi le côté réel des phénomènes, c'est peut-être qu'ils se hâtaient trop d'y appliquer leurs spéculations théoriques et de faire rentrer tous les faits dans une conception générale de l'origine du mouvement. Les uns, comme Thalès et Platon, expliquent les phénomènes magnétiques par des forces vitales et même intelligentes : selon Thalès, l'aimant possède une âme, puisqu'il meut le fer; aux yeux de Platon, c'est l'action intelligente de l'âme du monde qui assure tous les mouvements. D'autres, comme Galien, ont recours à des sympathies et des antipathies occultes; quelques-uns, comme Démocrite, Épicure et Lucrèce, ramènent tout à des impulsions purement mécaniques. Ce sont toujours des effluves d'atomes qui sortent du fer et de la pierre d'aimant et qui, par des réactions mutuelles, produisent la traction qui s'exerce sur le fer. La théorie que Plutarque présente comme un commentaire d'une indication vague de Platon est également mécanique : des pores de la pierre d'aimant s'échappent des tourbillons qui pénètrent dans les pores du fer et le poussent vers l'aimant, tandis qu'ils glissent sur les autres corps sans les entraîner. Il y a là comme le germe des tourbillons de Descartes. Ce qui distingue toutes ces explications mécaniques, c'est qu'elles évitent l'hypothèse de l'attraction à distance, et supposent la communication du mouvement de proche en proche, dans le plein absolu. Il est à remarquer que la physique moderne revient aujourd'hui à ces idées par l'hypothèse de l'éther qui remplit l'espace, et qui peut-être renferme la cause prochaine des phénomènes d'attraction. Les théories des anciens sont restées stériles parce qu'elles étaient prématurées et conçues en dehors des faits. Ils ont toujours fait de longues théories et de courtes expériences.

CHAPITRE II

L'INVENTION DE LA BOUSSOLE

Les savants du moyen âge n'ont ajouté que fort peu aux connaissances théoriques que leur avaient léguées les anciens; les erreurs et les superstitions accueillies par Pline sont restées mêlées pendant plus de mille ans aux vérités qu'il avait entrevues. Mais une découverte d'une très grande portée pratique appartient au moyen âge : c'est l'invention ou du moins l'introduction de la boussole, qui permet enfin aux navires de se diriger en haute mer.

Dans nos parages, les vents sont trop irréguliers pour qu'il soit possible de se confier à leur souffle capricieux; pendant de longs siècles, les navires n'osaient quitter la côte. A quel indice en effet se rattacher pour ne pas errer au hasard sur la plaine liquide! Il n'y a pas de piste à suivre sur la mer. On commence par se guider d'après les mouvements réguliers des constellations; quelques vieux pilotes connaissaient les itinéraires fondés sur l'observation du firmament; ils savaient quel groupe il fallait laisser à sa droite, quel autre à sa gauche, lorsqu'on voulait en certaine saison se rendre de tel port à tel autre[1]. Protée, le pasteur de phoques, que Ménélas va surprendre endormi dans sa grotte, lui révèle le secret de son retour. Ulysse cherche pendant dix ans le chemin qui doit le ramener dans son île; enfin Calypso lui enseigne la manière de retourner chez lui, en tenant les yeux fixés sur les Pléiades, sur le Bouvier, qui se couche tard, sur l'Ourse, qui ne se plonge jamais dans l'Océan, et qu'il doit constamment laisser à sa gauche. Les Phéniciens découvrent ensuite qu'il existe dans la direction du septentrion une étoile à peu près immobile qui peut servir de guide aux navires, et ils gardent pour eux pendant deux cents ans ce précieux secret, qui leur donne à la mer une supériorité incontestée sur leurs rivaux. La *tramontane* guide encore les marins du moyen âge.

Par cele estoile vont et viennent
Et lor sens et lor voie tiennent,

dit Guyot de Provins, dans un poème où pourtant il mentionne déjà la boussole. Le troubadour Guillaume de Normandie, qui également parle de cet artifice, de « ceste maistrise », fait à son tour l'éloge de l'étoile pilote:

Pour bise ne pour autre afaire
Ne laist son dout servise à faire

[1] *La Navigation hauturière*, par M. l'amiral Jurien de la Gravière.

La Tresmontaine clère et pure ;
Les maroniers par son esclaire
Jète souvent hors de contraire
Et de chemin les asseure...

Mais toutes les constellations, y compris la tramontane, ne sont plus de nul secours quand le ciel se couvre de nuages.

« Le danger d'errer à l'aventure, dit l'amiral Jurien, et non pas la fragilité des nefs, est ce qui retient, ce qui enchaîne invinciblement au port, pendant toute la saison d'hiver, une marine dont l'enfance se prolonge démesurément à travers les âges... Pendant plus de mille ans, la navigation dans la Méditerranée resta stationnaire. Vers le milieu du douzième siècle, un changement notable se produit : les marins d'Amalfi, de Gênes, de Venise, de Mayorque ont trouvé le moyen de s'orienter sans le secours des astres. Connue des Chinois dès l'antiquité la plus haute, l'aiguille aimantée vient d'arriver jusqu'aux républiques italiennes par l'intermédiaire des Arabes. Qui n'a entendu parler aujourd'hui de la propriété merveilleuse qu'une pierre en apparence inerte peut communiquer au barreau d'acier sur lequel on la promène? Ce fut d'abord une aiguille qu'on imprégna ainsi de l'affinité mystérieuse, du « véhément désir » de se tourner vers le nord. Placée dans un vase, cette aiguille flottait librement sur l'eau, soutenue par un fétu. L'aiguille se transforma bientôt en une lame aplatie; on la fit alors reposer par son centre sur un pivot, on l'enferma dans une boîte recouverte d'une glace, on la chargea d'entraîner le cercle gradué, qui ne devait plus seulement indiquer la direction du pôle, mais le cap du navire, — en d'autres termes, l'angle formé par la route suivie et par le méridien magnétique. »

Les Chinois paraissent en effet avoir connu l'aiguille aimantée plusieurs siècles avant notre ère[1]. Pour se diriger dans les immenses steppes de la Tartarie, ils employaient des chars indicateurs du sud (*ssi-nan*) : ces chars portaient une statuette qui tournait sur un pivot et dont le bras étendu montrait toujours le sud parce qu'il contenait une aiguille aimantée. Le missionnaire Duhalde rapporte, d'après un recueil chinois, que, vers l'an 2600 avant notre ère, l'empereur Hoang-ti étant à la guerre, on inventa le char indicateur, qui permit à l'armée impériale de se diriger et de surprendre l'ennemi pendant un brouillard épais. Le même auteur nous apprend qu'environ 1000 ans avant Jésus-Christ, une ambassade cochinchinoise vint dans l'Empire du Milieu, que les ambassadeurs avaient eu de grandes difficultés à trouver leur route pour aller à la cour impériale, mais qu'à l'audience de congé l'empereur Tcheou-Kong leur fit présent d'un indicateur du sud, avec lequel, leur dit gracieusement le Fils du ciel, ils devaient trouver leur route pour retourner chez eux avec moins d'embarras qu'ils n'en avaient éprouvé pour venir dans ses États.

Des ouvrages chinois qui datent d'une époque très reculée constatent l'existence d'une boussole qui est

[1] Klaproth. *Lettre à M. de Humboldt sur l'invention de la boussole.* Paris, 1834.

faite d'un aimant posé sur un flotteur. Les jonques chinoises pouvaient donc se diriger d'après les indications de l'aiguille aimantée, il y a plus de deux mille ans. On s'en servait aussi dans la construction des couvents bouddhistes, pour orienter les faces du bâtiment principal.

Les Arabes ont eu connaissance de la boussole à aiguille flottante avant les Européens, et l'on peut supposer qu'ils la leur ont transmise pendant les premières croisades, au douzième siècle. On a voulu dériver le mot *boussole* de l'italien *bossolo* (petite boîte); Klaproth le fait venir de l'arabe *mouassala,* qui signifie à la fois dard ou aiguille, et boussole. Au demeurant, il est possible aussi que la découverte de la direction de l'aiguille aimantée ait été faite en Europe d'une manière indépendante.

Parmi les auteurs qui mentionnent d'une manière explicite cette boussole primitive, où l'aiguille, soutenue par un petit roseau ou par un morceau de liège, nage dans un vase plein d'eau, le premier en date est le poète Guyot de Provins. Dans une pièce satirique intitulée : *la Bible,* qui paraît avoir été composée vers 1190, après avoir parlé de l'étoile polaire qui guide les navigateurs, il décrit en ces termes la boussole à flotteur, dont on *allume* l'aiguille en la touchant avec un aimant avant de l'observer :

Un art font qui mentir ne puet,
Par la vertu de la mannète,
Une pierre laide et brunète,
Où li fers volontiers se joint,
Ont : si esgardent le droit point,

Puis qu'une aiguille l'ait touchié,
Et en un festu l'ont fichié,
En l'ève[1] la mettent sans plus,
Et li festu la tient dessus;
Puis se torne la pointe toute
Contre l'estoile, si sans doute,
Que jà por rien ne faussera.
Et mariniers nul doutera.
Quant la mer est obscure et brune
Qu'on ne voit estoile ne lune,
Donc font à l'aiguille alumer,
Puis n'ont-il garde d'esgarer:
Contre l'estoile va la pointe;
Par ce sont li marinier cointe
De la droite voie tenir...

Cependant l'usage de la boussole a dû remonter plus haut. Are Frode, ou *le Sage,* chroniqueur scandinave de la race royale des Ynglings, né en Islande vers 1067 et mort en 1148, a laissé des fragments d'une histoire de cette île, écrite en vieux norrain et intitulée *Islendinga-Bok.* Snorre Sturleson le loue comme historien véridique. Dans ce livre, Are rapporte que vers l'an 868 le célèbre *viking* Floke Vilgerdarson partit de Norvége pour retrouver l'île de Gardasholm, — c'est le nom qui avait été déjà donné à l'Islande par les rois de mer qui l'avaient découverte. Il prit avec lui trois corbeaux qui devaient lui montrer la route, et, pour les y préparer, il offrit aux divinités un sacrifice à Smörsund, où son navire était prêt à mettre à la voile, — car, ajoute le chroniqueur, à cette époque les marins du nord n'avaient pas encore de pierre-guide (*lode stone*). Il résulte

1. Eau.

clairement de ce passage qu'au commencement du douzième siècle on connaissait déjà en Europe l'usage de la boussole.

Les auteurs du treizième siècle qui font mention de la boussole à flotteur sont nombreux : il suffit de citer Albert le Grand, Vincent de Beauvais, Brunetto Latini, l'Arabe Baïlak, qui nous apprend que les marins de la mer des Indes remplacent l'aiguille par un petit poisson de fer creux qui nage sans flotteur. C'est aussi à partir de cette époque que l'aimant s'appelle *calamite* en grec moderne, en italien et dans d'autres dialectes, du nom de la petite grenouille verte ou rainette, à laquelle on compare l'aiguille posée sur un roseau. La boussole à pivot est mentionnée, pour la première fois, dans un écrit qui date du commencement du quatorzième siècle.

Chez la plupart de ces auteurs, on ne trouve encore que des notions confuses sur la nature des attractions et des répulsions dues à la polarité magnétique. Cependant, Pierre le Pèlerin de Maricourt, dans la fameuse lettre adressée à Siger de Foucaucourt (1269), donne déjà un exposé net et clair des phénomènes de polarité manifestés par les aimants naturels et les aiguilles aimantées. Le savant P. Timothée Bertelli a donné récemment [1] une édition émendée de cette lettre, dont il existe dans les bibliothèques de l'Europe une douzaine de copies sans compter l'édition de Gasser, qui est de 1558. Longtemps, pour avoir mal

[1] Dans le *Bulletin de Bibliographie et d'histoire des Sciences mathématiques* du princ. B. Boncompagni (Rome, 1868).

lu le titre [1], on avait attribué ce curieux document à un certain Pierre *Adsiger*. En outre, sur la foi d'une note marginale du manuscrit de Leyde, on avait prétendu que Pierre de Maricourt connaissait déjà la déclinaison de l'aiguille aimantée; mais le texte même de la lettre prouve le contraire. En revanche, les notions que le Pèlerin possède sur la polarité magnétique sont d'une précision étonnante pour le temps.

Il observe l'attraction des pôles opposés et la répulsion des pôles de même nom de deux aimants, en faisant flotter l'un sur l'eau dans une jatte de bois, « comme un nocher dans sa nacelle » (*sicut nauta in navio*), et en tenant l'autre dans la main. Il constate qu'une aiguille de fer qui a touché un pôle d'aimant prend la vertu magnétique, que l'extrémité qui a touché le pôle sud de l'aimant se dirige vers le nord et est attirée par le pôle sud, et *vice versa*. Il brise un aimant, AD, en deux pour montrer qu'il en résulte deux aimants nouveaux, AB, CD, en tout semblables à l'aimant AD, et que les pôles contraires, B, C, mis en présence, s'attirent pour se fondre de nouveau et pour reconstituer l'aimant primitif AD.

Selon Pierre de Maricourt, l'aiguille pointe vers le pôle nord et non vers l'étoile polaire (*stella nautica*), qui se trouve en général en dehors du méridien, excepté deux fois par jour, aux moments de ses passages. Il place le siège de la force directrice dans les

[1] *Epistola Petri Peregrini de Maricourt ad Sygerum de Foucaucourt Militem de Magnete* (Datée du siège de Lucera, 8 août 1269).

deux pôles du monde, et il dit que la pierre d'aimant porte en elle une similitude du ciel, puisqu'elle a deux pôles comme lui. Malheureusement il gâte cette énumération de faits positifs par quelques rêveries qu'il ajoute. Il prétend que non seulement les pôles de l'aimant tendent vers les pôles du monde, mais que les autres parties de la pierre tendent vers le reste du ciel, d'où il suit qu'un aimant de forme sphérique, suspendu comme un globe céleste et mobile autour d'un axe parallèle à l'axe du monde, doit tourner avec le ciel et faire avec lui sa révolution en vingt-quatre heures. Il donne aussi, à la fin de sa lettre, le plan d'une roue à mouvement perpétuel, dont les dents sont sans cesse attirées par un aimant fixe. Ce qui vaut mieux, il indique la construction de deux boussoles, l'une à flotteur, l'autre à pivot. Cette dernière est une boîte circulaire, fermée par une glace, au centre de laquelle pivote un axe vertical qui porte en croix l'aiguille aimantée et une aiguille d'argent ou de cuivre, destinées à indiquer ensemble les quatre points cardinaux. Le bord de la boîte est divisé en degrés, et on peut y poser une règle munie de deux styles pour viser un astre dont on veut connaître l'azimuth ou la situation par rapport au méridien. « Par cet instrument, dit le Pèlerin, tu pourras diriger tes pas vers les cités et les îles et vers n'importe quels lieux du monde. »

L'idée d'assimiler l'aimant avec ses deux pôles au globe terrestre était une de celles qui séduisaient particulièrement l'esprit des physiciens du moyen âge. On arrondissait les pierres d'aimant pour les façonner en sphères, sur lesquelles on plaçait un équateur, des méridiens et des parallèles, et qu'on appelait *microgées* ou *terrelles*. On espérait qu'on découvrirait ainsi plus facilement les mystérieuses propriétés de la force magnétique ; mais cette figure donnée à l'aimant est loin d'offrir les avantages qu'on croyait y trouver. Il y avait là pourtant le germe d'une idée féconde qui fut développée, d'une manière plus rationnelle, par William Gilbert, médecin de la reine Élisabeth dans un ouvrage plein de génie qu'il publia en 1660, trois ans avant sa mort et qui posa les bases de la science du magnétisme [1].

Au seizième siècle en effet, la connaissance des phénomènes magnétiques est déjà fort avancée. Porta les expose d'une manière judicieuse dans sa *Magie naturelle* (Naples, 1589), et Gilbert, après avoir découvert un grand nombre de faits nouveaux, les réduit en corps de doctrine. Il considère la terre comme un gigantesque aimant dont les pôles ne sont pas situés exactement sur l'axe de rotation, ce qui explique la déviation de l'aiguille.

Cette déviation de l'aiguille aimantée, qu'on appelle la *déclinaison*, avait été observée par Colomb en 1492. Elle était d'ailleurs, paraît-il, connue des Chinois dès le onzième siècle, et on la trouve marquée sur des cartes marines qui datent du commencement du quinzième siècle. L'*inclinaison* de l'aiguille, ou l'angle qu'elle fait avec l'horizon lorsqu'elle est suspendue

[1] *De Magnete magneticisque corporibus et magno magnete Tellure physiologia nova*. Londres, 1600.

par son centre de gravité, avait été observée dès 1543 par George Hartmann, vicaire d'une église de Nuremberg; cependant il est juste d'en attribuer la découverte à Robert Norman, qui l'observa également et la *fit connaître* en 1570.

CHAPITRE III

PROPRIÉTÉS FONDAMENTALES DES AIMANTS

Les minerais de fer dans lesquels ce métal est peu oxydé possèdent généralement, lorsqu'on les retire de la terre, la propriété d'attirer le fer par une force qui est parfois très énergique, mais qui souvent aussi ne peut être mise en évidence que par l'emploi de procédés très délicats. Le *fer magnétique* proprement dit, ou *fer oxydulé*, qui fournit les pierres d'aimant, est un oxyde qui renferme 72 pour 100 de fer (Fe^3O^4) ; on peut le considérer comme un composé de protoxyde et de sesquioxyde de fer (d'oxyde ferreux FeO et d'oxyde ferrique Fe^2O^3). C'est un minéral de couleur noire ou brune, quelquefois grisâtre, à éclat métallique, à cassure conchoïde, d'un poids spécifique qui varie depuis 4,2 jusqu'à 4,9. Le fer oxydulé donne une poussière noire, tandis que celle du fer oligiste et de l'hématite est rouge ; c'est un moyen de distinguer ces minerais de fer.. On le trouve quelquefois cristallisé sous forme d'octaèdres réguliers, mais le plus souvent en masses confuses ou en sable à grains plus ou moins fins. Le fer magnétique se rencontre principalement dans les terrains de formation ancienne; il y constitue parfois des gisements puissants, de véritables montagnes, comme le mont Taberg en Laponie et le Pumachanche au Chili. Il paraît jusqu'ici bien plus abondant dans les régions septentrionales du globe que dans toutes les autres; on l'exploite dans un grand nombre de mines d'Europe et d'Amérique, notamment près de Rosslag en Suède, où il fournit du fer excellent, en Laponie et en Silésie, aux États-Unis.

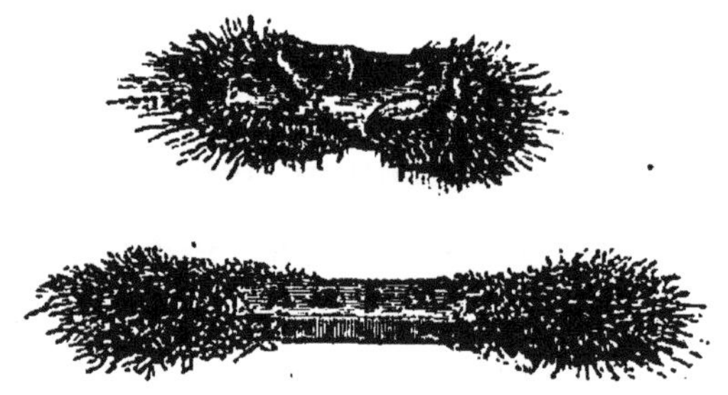

Fig. 1. — Attraction de la limaille.

dans l'île d'Elbe, à Bone en Algérie, etc. En France, il est fort rare, et il n'y en a aucune mine.

Un moyen très simple de mettre en évidence le pouvoir et la distribution du magnétisme dans un morceau d'aimant naturel, c'est de le rouler dans de la limaille ou de la battiture de fer. Lorsqu'on le retire ensuite, on constate qu'une multitude de parcelles du métal se sont attachées à la surface de l'aimant et forment des houppes en deux plages : ces plages sont les pôles (fig. 1).

Nous avons déjà dit que les physiciens du moyen

âge recommandaient de tailler les pierres d'aimant en forme de sphères; ce n'était pas facile, car le fer oxydulé est très dur (il s'en rencontre des échantillons qui rayent l'acier). On sait aujourd'hui que la forme la plus avantageuse à donner aux aimants est celle d'un barreau; on y taille deux faces planes, perpendiculaires à la ligne qui joint les deux pôles. Chaque pôle, présenté de loin à la limaille, l'attire à distance; si on l'approche d'un tas d'aiguilles ou de clous, on les voit se précipiter sur l'aimant et y adhérer fortement.

Si l'on suspend horizontalement à un fil une tige de fer ou d'acier, de manière qu'elle puisse se mouvoir librement, il suffit d'en approcher un pôle de l'aimant pour la faire pirouetter autour de son centre. Du reste, comme toute action s'accompagne d'une réaction, l'attraction de l'aimant et du fer est réciproque. Un morceau de fer qu'on présente à une aiguille aimantée l'attire et la fait tourner autour du point de suspension. Cette réciprocité de l'attraction avait échappé aux anciens, et elle n'a été reconnue que fort tard. On en tire parti dans certains jouets d'enfants : petits poissons de fer qu'on pêche avec un hameçon magnétique, cygnes de verre qui ont un aimant caché dans la tête et qui s'approchent lorsqu'on leur présente une miette de pain au bout d'un bâtonnet de fer, etc.

L'attraction magnétique s'exerce à distance, mais elle diminue rapidement à mesure que l'aimant s'éloigne. Elle n'exige pas l'isolement comme l'électricité; l'aimant ne perd rien pour être touché. Elle n'est point interceptée ni même affaiblie par l'interposition de substances quelconques, telles que le verre, le papier, tous les métaux et le fer lui-même, l'eau, la flamme, etc. En promenant un barreau aimanté au-dessous d'une feuille de carton ou d'une plaque de bois, on peut faire mouvoir des objets de fer placés sur cette feuille ou sur cette plaque.

Le physicien hollandais Musschenbrœk, pour bien s'assurer que la force magnétique traverse les corps, enfermait des aimants dans des enveloppes de plomb, de cuivre, de verre, de porcelaine, et mesurait, à l'aide d'une balance, l'intensité de l'attraction exercée à travers les enveloppes sur un cylindre de fer suspendu à la balance ; il trouva qu'elle était la même que celle qu'il avait observée quand les aimants étaient à découvert.

Cette propriété de la force magnétique de traverser les corps solides a donné lieu à quelques applications. On a fait des horloges où l'aiguille était remplacée par une balle d'acier roulant sur un cadran de clinquant derrière lequel tournait un barreau aimanté mené par l'horloge. L'*indicateur magnétique* de M. Lethuillier-Pinel est une petite aiguille d'acier qui indique le niveau d'une chaudière à vapeur en suivant le mouvement vertical d'un aimant invisible, porté sur un flotteur qui monte et descend à l'intérieur d'un tube fixé à la paroi de la chaudière.

William Scoresby a proposé d'appliquer cette pénétration de la force magnétique à l'évaluation de l'épaisseur d'un mur ou d'une cloison qui sépare deux galeries souterraines, en observant la déviation d'une aiguille aimantée produite par un aimant placé du côté opposé du mur. Les essais qu'il fit lui-même de sa méthode donnèrent d'assez bons résultats. On pourrait ainsi parfois éviter de graves accidents comme celui que raconte Scoresby. Lorsqu'on creusa le tunnel de Liverpool, qui a 2 kilomètres de longueur, les travaux furent commencés sur plusieurs points à la fois, à l'aide de puits poussés à une certaine profondeur. Au moment où deux galeries allaient se rencontrer, l'ingénieur, qui savait qu'il n'y avait plus qu'une faible épaisseur de roche à traverser, convint avec les ouvriers de la galerie opposée d'un signal qui annoncerait l'explosion de la dernière mine; mais l'homme chargé de mettre le feu à la mèche, persuadé qu'on n'était pas encore si près que le disait l'ingénieur, négligea de donner le signal convenu; l'ingénieur et son aide furent dangereusement blessés par les éclats du mur qui s'écroula, ils eurent le visage noirci par la poudre et perdirent chacun un œil.

Parmi les applications simples des aimants, on peut encore citer l'usage qu'on en fait dans les manufactures d'aiguilles pour attirer les poussières d'acier qui pénètrent dans l'œil, et dans certaines mines du Canada pour séparer les parcelles de fer du minerai pulvérisé.

Un simple morceau de fer subit l'attraction également en tous ses points; au contraire le pouvoir attractif de l'aimant est inégalement distribué dans sa substance, comme nous l'avons déjà constaté par l'expérience de la limaille. Les aigrettes se forment autour des deux *pôles*, qui sont comme des centres d'attraction ; vers le milieu du barreau, il y a une région où aucune parcelle de fer ne s'attache : cette section médiane où le pouvoir magnétique est nul se nomme *ligne neutre*. Pour mettre en évidence cette variation d'effets d'une manière saisissante, Gilbert a imaginé l'expérience dite du *fantôme magnétique*. On place

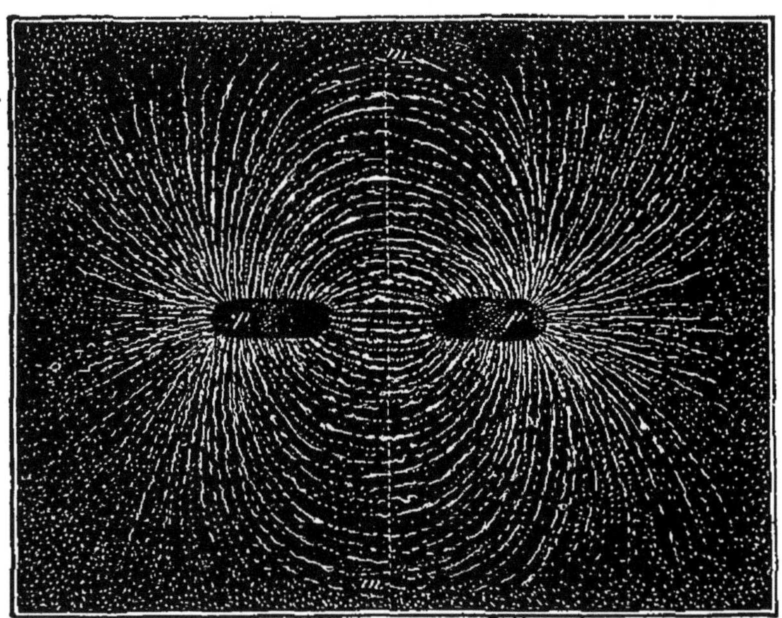

Fig. 2. — Fantôme magnétique.

un carton mince sur un aimant et on y sème de la limaille de fer par le moyen d'un tamis. Les grains de limaille se rassemblent autour des pôles *p*, *p* (fig. 2) en files convergentes et qui forment d'un pôle à l'autre des chaînes courbes, symétriques par rapport à la ligne neutre *mm'*. On facilite l'arrangement spontané des grains de limaille en donnant avec le bout du doigt de légères tapes sur le carton, pour les aider à franchir les aspérités du papier. De Haldat a indiqué un moyen de conserver le fantôme magnétique : on applique sur les courbes une feuille de papier enduite de colle d'amidon mêlée de gélatine; la limaille s'y attache, et on n'a plus qu'à laisser sécher le dessin ainsi obtenu. C'est d'une manière analogue que Savart conservait les figures acoustiques produites par des grains de poussière sur une plaque vibrante.

Quelques aimants naturels possèdent plus de deux

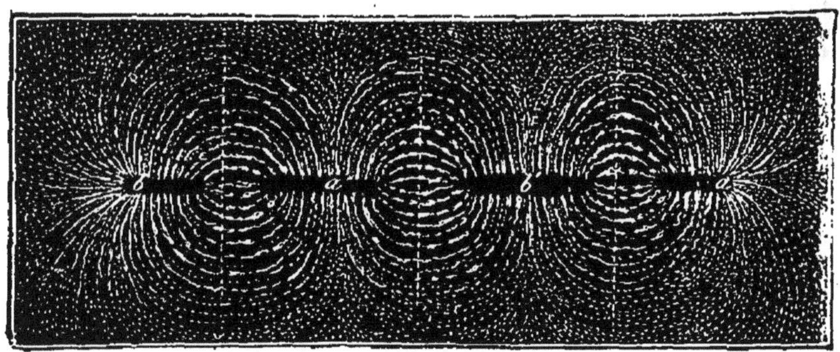

Fig. 3. — Points conséquents.

pôles : la limaille se rassemble encore autour de certains points, intermédiaires entre les pôles extrêmes, et toujours séparés par des lignes neutres (fig. 3). Ces pôles supplémentaires se nomment des *points conséquents*.

Un appareil très simple, le *pendule magnétique* (fig. 4), qui consiste en une bille de fer suspendue à un fil, peut aussi servir à reconnaître la distribution du magnétisme le long d'un barreau. L'aimant étant approché du pendule, la bille s'y précipite, et il faut un certain effort pour l'en détacher; mais si elle adhère fortement aux pôles, l'adhérence diminue des pôles vers le centre du barreau, où elle est nulle.

Jusqu'ici nous avons vu les deux extrémités de l'aimant se comporter de la même façon; les deux pôles attirent également la limaille dans laquelle on les plonge, ou la bille dont on les approche; mais une différence radicale s'établit entre les deux pôles opposés dès que le barreau peut se mouvoir librement. A cet effet, on le suspend horizontalement par son centre dans un étrier de papier ou de cuivre attaché à un fil, ou bien on le monte sur un pivot à l'aide d'une chape (fig. 5), ou enfin on le pose sur un rondin de liège qui flotte sur l'eau. Dans ces conditions, on voit l'aimant se tourner suivant une direction fixe, et l'une de ses extrémités pointer vers le nord pendant que l'autre se dirige vers le midi. Cette direction, à la vérité, n'est pas exactement celle du méridien astronomique; mais la seule chose qui nous importe ici, c'est que les deux pôles de l'aimant prennent des directions fixes et contraires. On les distingue dès lors par des noms différents : le *pôle nord* est celui qui pointe vers le nord de la terre, et le *pôle sud* celui qui pointe vers le midi.

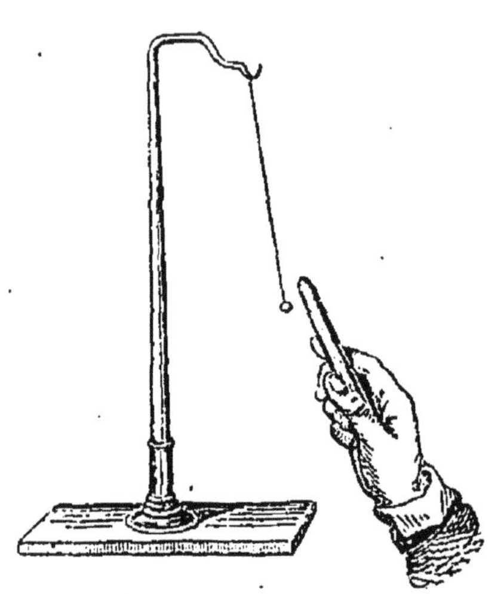

Fig. 4. — Pendule.

Prenons maintenant deux aimants et marquons par

les lettres *n*, *s*, écrites sur les extrémités, les deux pôles nord et les deux pôles sud. Approchons l'un de l'autre deux quelconques de ces pôles; nous trouverons qu'ils se repoussent, s'ils sont marqués des mêmes lettres, et qu'ils s'attirent, s'ils sont marqués de lettres différentes. L'attraction se manifeste par l'effort

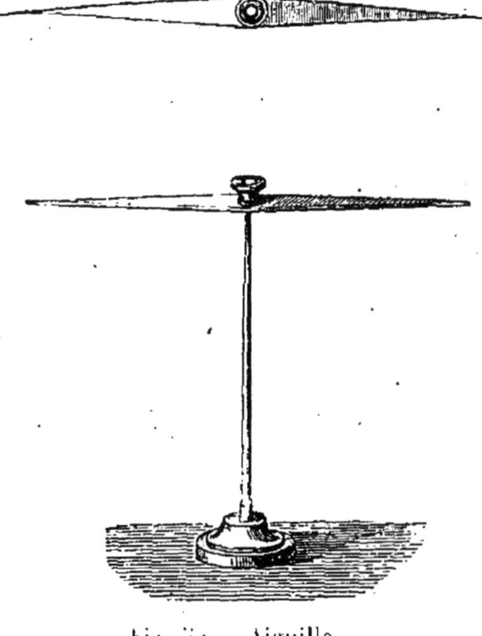

Fig. 5. — Aiguille.

sensible que font les pôles contraires pour se réunir lorsqu'ils sont près de se toucher, et par l'adhérence qu'ils contractent, une fois qu'ils se touchent. La répulsion est moins facile à constater par le simple rapprochement; on la rend plus sensible en posant l'un des deux aimants sur une planchette que l'on fait flotter sur l'eau, ou bien en le suspendant par son centre à un fil. Si alors on lui présente l'autre aimant, il s'approche ou s'éloigne selon qu'il est attiré ou repoussé. La loi est donc celle-ci : *les pôles de même nom se repoussent, les pôles de noms contraires s'attirent.*

La *polarité*, l'existence de deux pôles contraires, est ce qui distingue surtout les aimants des corps simplement magnétiques, comme le fer doux et beau-

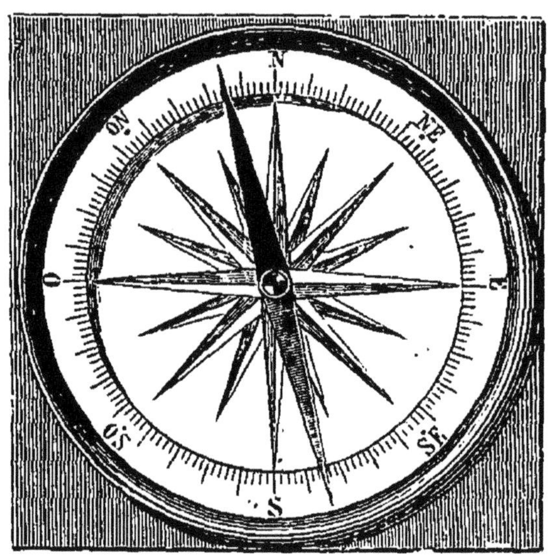

Fig. 6. — Boussole portative.

coup de minerais de fer, qui sont attirés par l'aimant et l'attirent à leur tour, mais ne s'attirent pas entre eux. Pour savoir si un barreau de fer ou d'acier, ou un échantillon de minerai, est ou non un aimant, il suffit d'en approcher une extrémité d'un aimant d'épreuve : s'il y a attraction partout, c'est un corps simplement magnétique ; s'il y a attraction d'un côté et répulsion de l'autre, c'est un aimant. On peut se servir pour ces constatations d'une boussole de poche, formée d'une petite aiguille aimantée mobile sur un pivot. C'est à l'aide de cet instrument qu'on reconnaît les roches magnétiques qui renferment du minerai de fer. La figure 6 représente une boussole portative de plus grande dimension.

L'expérience du fantôme magnétique peut aussi servir à mettre en évidence les propriétés des pôles. Lorsqu'on oppose l'un à l'autre les pôles de noms contraires N S de deux aimants sous une feuille de carton sur laquelle on a semé de la poussière de fer, les grains de cette poussière forment des chaînes courbes d'un

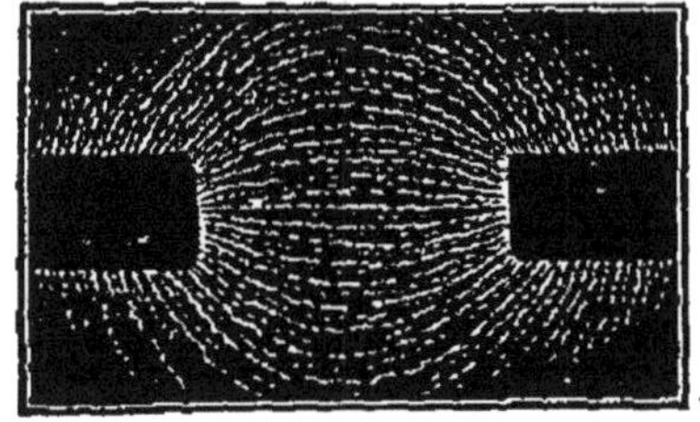

Fig. 7. — Pôles opposés.

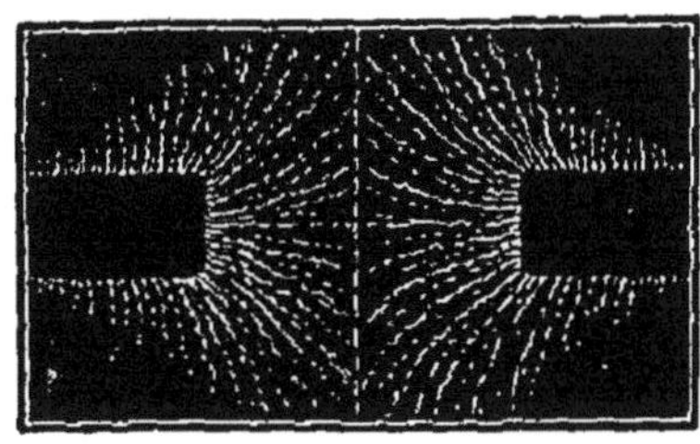

Fig. 8. — Pôles de même nom

pôle à l'autre, comme au-dessus d'un seul barreau aimanté (fig. 7) ; mais lorsqu'on oppose les pôles de même nom, les grains se disposent en files qui semblent se fuir et qui forment entre les deux pôles des chevrons à sommets pointus (fig. 8).

Prenons maintenant une aiguille aimantée *n s*, mobile sur un pivot, et plaçons-la au centre d'un barreau aimanté NS (fig. 9) ; elle se dirigera parallèlement au barreau, dont l'attraction surmonte la force directrice naturelle de l'aiguille ; le pôle sud de l'aiguille pointera vers le pôle nord du barreau, et son pôle nord vers le pôle sud. Il s'ensuit que, si la terre doit être considérée comme un aimant naturel qui donne à l'aiguille aimantée la direction qu'elle prend lorsqu'elle est librement mobile, le pôle nord de l'aiguille, qui se dirige vers le pôle boréal de la terre, n'est pas de même nature que ce dernier, puisqu'il est attiré par lui. Évidemment le pôle nord de l'aiguille doit être assimilé au pôle austral de la terre, qui le repousse, et de même son pôle sud au pôle boréal. Aussi les physiciens appellent-ils souvent *pôle austral* le pôle nord d'un aimant, et *pôle boréal* son pôle sud. Cette dénomination nouvelle sert à caractériser la nature

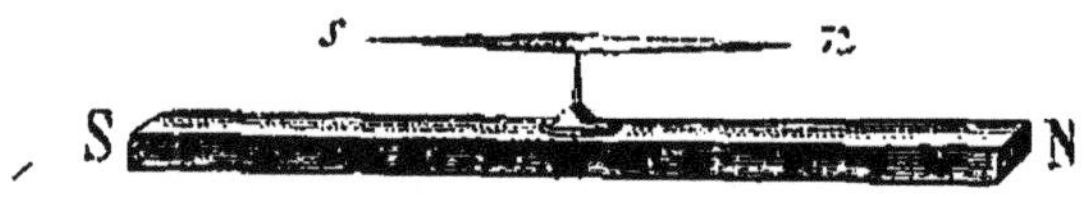

Fig. 9. — Aiguille dirigée par un aimant.

des deux pôles, comparés aux pôles de la terre, tandis que l'ancienne désignation n'indique que la direction que prennent les pôles de l'aimant lorsqu'il est mobile et qu'il peut obéir à l'influence de la terre.

Après avoir placé l'aiguille *ns* au centre du barreau, faisons-la marcher maintenant vers l'extrémité *S*, qui pourra figurer le pôle boréal de la terre ; nous verrons le pôle *n* s'incliner peu à peu et plonger au-dessous de l'horizon ; arrivée en S, l'aiguille se tient debout, le pôle *n* en bas. C'est ainsi que dans l'hémisphère boréal le pôle nord d'une aiguille librement mobile s'abaisse davantage à mesure qu'on s'éloigne de l'équateur. C'est le phénomène de l'*inclinaison magnétique*. De même dans l'hémisphère austral c'est le pôle sud qui s'incline vers la terre. Une aiguille mobile autour d'un axe horizontal, qui permet d'observer ce phénomène, s'appelle *aiguille d'inclinaison.*

En appuyant l'axe horizontal sur une fourchette suspendue à un fil (fig. 10), on rend l'aiguille mobile en tous sens, et alors elle se place elle-même dans la direction de la force terrestre, indiquant à la fois l'inclinaison et le méridien magnétique. On obtient le même résultat avec une aiguille flottant entre deux eaux.

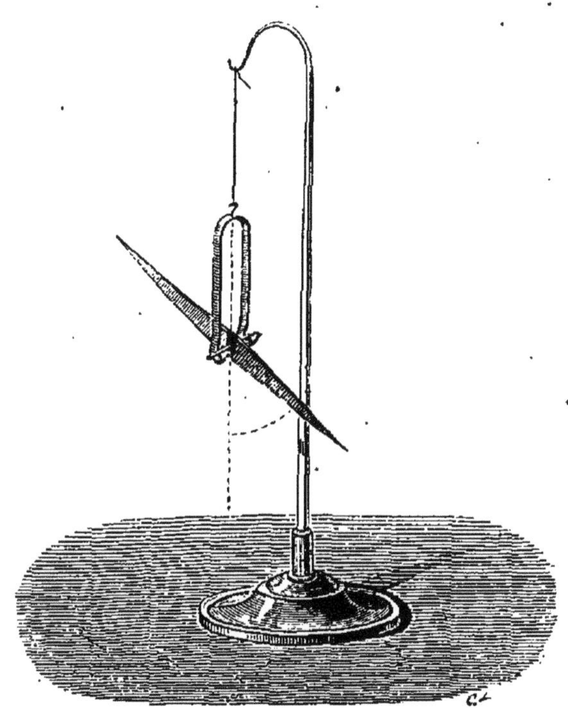

Fig. 10. — Aiguille libre.

Lorsqu'un aimant offre des points conséquents, c'est-à-dire plus de deux pôles, ils sont alternativement contraires ; dans ce cas, les pôles extrêmes sont de même nom, si le nombre total des pôles est impair. Les points conséquents se produisent souvent lorsqu'on aimante des barreaux un peu longs. On peut les faire naître à volonté dans les barreaux en appuyant pendant quelque temps un des pôles d'un aimant en un point de leur longueur ; il se développe alors en ce point un pôle de nom contraire à celui de l'aimant qui a été appliqué.

L'aimant *antiphyson* de Marcellus, lequel repousse le fer après l'avoir attiré, n'est pas non plus une pure fiction. Dans une lettre adressée en 1607 à Curzio Picchena, Galilée parle d'une pierre d'aimant tout à fait extraordinaire qui offrait cette particularité. « Elle était si puissante, dit-il, qu'en approchant la pointe d'un cimeterre à une distance égale à l'épaisseur d'une piastre d'argent on ne pouvait plus la retenir, et même qu'une personne solide, appuyant le cimeterre contre sa poitrine, ne pouvait résister à l'entraînement. J'y ai découvert un autre effet mirifique et que je n'ai jamais rencontré dans aucun autre aimant. Un même pôle attire et repousse le même morceau de fer. A la distance de 4 ou 5 doigts au moins, il attire le fer, puis à la distance de 1 doigt il le repousse. Si on place le morceau de fer sur une table et qu'on mette l'aimant très près, le morceau de fer s'écarte et fuit devant l'aimant qu'on pousse derrière lui ; mais si l'on retire l'aimant au moment où la distance devient de 4 doigts, le morceau de fer est attiré et suit l'aimant qu'on éloigne, seulement il n'approche pas à plus de 1 doigt. » Cette pierre d'aimant fut achetée par le grand duc à prix d'or; on ne sait ce qu'elle est devenue. L'attention de M. Jamin ayant été attirée sur le curieux aimant de Galilée, le savant professeur de l'École polytechnique est parvenu à préparer des aimants artificiels qui possèdent la même propriété. Il a trouvé en effet que l'aimantation ne pénètre dans les barreaux d'acier qu'à une profondeur limitée, et qu'il est possible d'y superposer deux aimantations contraires, l'une profonde, l'autre superficielle. En attaquant la surface du métal avec l'acide sulfurique dilué, on peut enlever sur quelques points le magnétisme superficiel et mettre à nu l'aimantation contraire. Si alors on approche de cet aimant double en profondeur un aimant ordinaire, il sera attiré ou repoussé selon la distance, selon que l'une ou l'autre des deux aimantations sera prépondérante.

CHAPITRE IV

LES DEUX FLUIDES

Pour expliquer les phénomènes de l'électricité, Symmer avait imaginé deux fluides, réunis d'ordinaire et alors sans action sensible, qui se séparent lorsqu'un corps s'électrise par le frottement ou par influence et se montrent dès lors doués de propriétés particulières. L'attraction réciproque des fluides de noms contraires (+ E, — E) et la répulsion des fluides de même nom suffisaient à rendre compte de tous les phénomènes d'attraction et de répulsion électrique, de la distribution et de l'accumulation de l'électricité à la surface des conducteurs isolés, etc., en attribuant à ces fluides une mobilité parfaite dans les corps conducteurs, tandis qu'ils sont arrêtés sur place et en quelque sorte localisés dans les corps isolants.

On ne tarda pas d'essayer la vertu de cette théorie sur les phénomènes que présentent les aimants. On expliqua donc la polarité magnétique par l'existence de deux fluides, — le fluide austral et le fluide boréal,

— lesquels se dédoublent sous l'influence d'un pôle d'aimant qui attire le fluide de nom contraire et repousse le fluide de même nom. Nous ne savons trop à qui faire honneur de la priorité de cette conception, mais c'est Coulomb qui le premier fit voir qu'en appliquant la théorie des deux fluides au magnétisme il faut admettre que les fluides se séparent dans chaque molécule du métal *sans la quitter*. Néanmoins à chaque pôle de l'aimant prédomine l'action de l'un des deux fluides, et il en résulte que les pôles de noms contraires s'attirent, que les pôles de même nom se repoussent. Le fluide austral est celui qui domine vers le pôle austral de la terre, et le fluide boréal celui qui domine vers le pôle boréal; le premier attire le pôle sud, le second le pôle nord de l'aiguille, et l'on en conclut que dans l'extrémité sud de l'aiguille domine le fluide boréal, dans l'extrémité nord le fluide austral.

Aujourd'hui que nous sommes habitués à tout ramener à des modes de mouvement, cette idée de chercher la source du magnétisme dans l'existence de deux fluides matériels nous choque comme une anomalie qui devient encore plus grave lorsqu'il s'agit de rendre compte des rapports qui existent entre le magnétisme et l'électricité. Sans aucun doute, on finira un jour par expliquer les deux classes de phénomènes à l'aide des principes ordinaires de la mécanique, appliqués aux mouvements de l'éther et des molécules pondérables. En attendant, il n'y a aucun inconvénient à nous servir de ce mot de *fluide* pour faciliter la description des phénomènes, pourvu qu'il soit bien entendu que cela ne préjuge rien sur la véritable cause de l'électricité et du magnétisme, et que l'expression de fluide ne soit jamais prise qu'au figuré.

Dans l'hypothèse de Coulomb, les deux fluides se séparent donc en chaque point de la masse qui s'aimante, et il se forme ainsi une multitude de

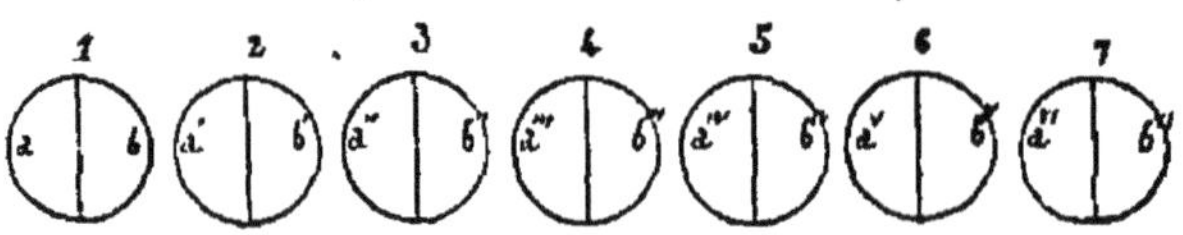

Fig. 11. — Molécules aimantées.

petits aimants élémentaires, tous orientés de la même façon (fig. 11). On peut d'ailleurs également supposer que les petits aimants existent déjà tout formés, mais irrégulièrement orientés dans le fer, et que l'aimantation ne fait que les orienter tous dans le

Fig. 12. — Rupture d'un aimant.

même sens; cette manière de voir, qui est celle de Ohm et de Weber, a beaucoup de partisans. L'essentiel, c'est que nous devons nous figurer l'aimant comme un ensemble de petits aimants tous semblables entre eux. Cette conception rend compte du fait bien connu que tous les fragments provenant de la rupture d'un aimant constituent de petits aimants complets et semblables à l'aimant primitif (fig. 12).

En la soumettant au calcul, Poisson démontre que la somme des actions que chaque élément reçoit de la part de tous les autres, — ce qu'on peut appeler la *tension* magnétique, c'est-à-dire la quantité de fluides séparés, — atteint son maximum au centre du barreau, et diminue du milieu vers les extrémités, d'abord lentement, puis de plus en plus rapidement. Il s'ensuit que la *différence* des tensions de deux éléments voisins est de plus en plus prononcée à mesure qu'on approche des extrémités. Or c'est cette

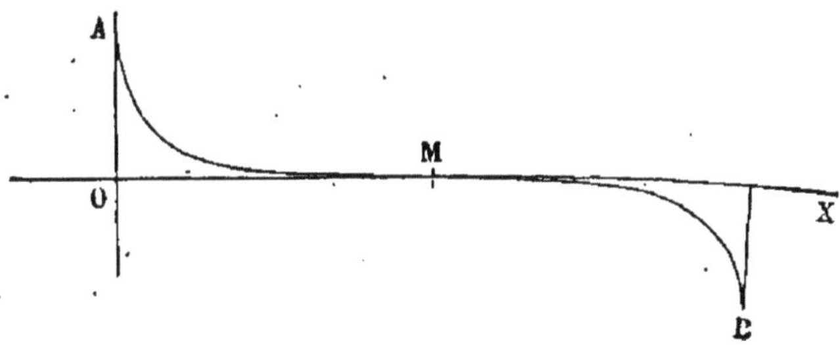

Fig. 13. — Courbe des intensités.

différence qui produit les effets de polarité sensibles à distance, et elle est plus grande aux pôles qu'en tout autre point. Vers le milieu, elle est à peu près nulle, bien que les éléments y soient plus fortement aimantés qu'aux extrémités. La courbe de la figure 13 montre comment la polarité augmente du milieu M vers les extrémités d'un barreau[1]. Coulomb et d'autres physi-

[1] M. Lamont conçoit la constitution des aimants d'une manière différente. Pour lui, chaque élément a d'abord son magnétisme propre, auquel s'ajoute ensuite celui qui résulte de l'*induction moléculaire*, c'est-à-dire de la réaction des éléments contigus, à côté de laquelle il est permis de négliger l'influence des éléments éloignés, qui s'exerce en raison inverse du carré de la distance. L'induction moléculaire en

ciens ont vérifié cette loi de diverses manières ; par les déviations qu'éprouve une aiguille aimantée qu'on promène le long du barreau, par l'effort nécessaire pour arracher un *contact* d'épreuve, c'est-à-dire un fer doux appliqué en divers points, etc.

L'expression de *pôle* n'a un sens parfaitement clair que lorsqu'il s'agit d'un aimant linéaire; dans ce cas idéal, les pôles sont les deux extrémités de l'aimant. En réalité, nous avons toujours affaire à des barreaux plus ou moins épais, et nous sommes obligés de nous figurer ces aimants comme des faisceaux de filets magnétiques dont les pôles réunis forment de chaque côté une surface polaire. Les pôles du barreau sont en quelque sorte les centres de gravité de ces pôles élémentaires. Dans les aimants un peu gros, ces filets s'écarteront vers les extrémités par suite de la réaction de leurs pôles; ils formeront des courbes tournant leur convexité vers l'axe du barreau (fig. 14). Toutefois, comme l'aimantation des barreaux d'acier ne pénètre en général qu'à une faible profondeur, la fig. 14 représente plutôt la distribution à la surface.

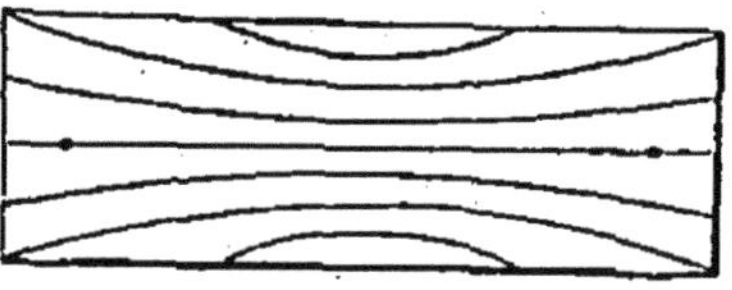

Fig. 14. — Filets.

En somme, l'hypothèse des aimants élémentaires rend compte de tous les phénomènes connus.

Pour imiter cet état supposé des aimants, on peut

effet serait incomparablement plus forte que l'influence à distance, dont elle diffère comme la cohésion diffère de l'attraction à distance. La théorie fondée sur cette hypothèse conduit d'ailleurs à une distribution analogue à celle qui résulte de la théorie de Poisson.

remplir un tube en carton de brins de fil d'acier aimanté que l'on dispose parallèlement à l'axe du tube avec leurs pôles de même nom tournés du même côté. L'ensemble se comporte alors comme un gros aimant. De Haldat remplissait de limaille de fer un tube de laiton fermé par deux tampons à vis du même métal, et en aimantant ce système comme on aimante un barreau d'acier, il lui donnait deux pôles et une ligne neutre; mais, lorsqu'on vient à déranger par des secousses la disposition des grains de limaille, la force de l'aimant diminue et finit par disparaître. On peut encore aimanter le cylindre en le remplissant d'un mélange de limaille et de sable, où le sable peut occuper jusqu'à 80 pour 100 du volume total.

Les aimants factices de Knight et d'Ingenhousz étaient préparés par un procédé tout à fait semblable. Knight fabriquait les siens avec de l'oxyde de fer en poudre dont il formait une pâte à l'aide d'une substance liante comme l'huile de lin; séchée à une douce chaleur après avoir reçu la forme voulue, cette pâte durcit bientôt, et peut s'aimanter comme l'acier. Ingenhousz préparait des aimants flexibles avec une pâte formée de cire et d'oxyde de fer pulvérisé.

M. Jamin a repris ces expériences en 1875, et il a découvert qu'en tassant fortement, au moyen d'une petite presse hydraulique, la limaille de fer contenue dans le tube de laiton, il pouvait augmenter considérablement la polarité; l'augmentation se manifeste quand la limaille commence à s'agréger, et elle croît ensuite avec la pression. Des tubes de 10 centimètres de longueur, ainsi remplis, attirent le fer avec autant d'énergie que des morceaux de bon acier de même dimension. M. Jamin a fait préparer sous ses yeux de la limaille avec du fer bien doux, n'ayant aucune force coercitive appréciable[1] ; le résultat a toujours été le même. Voilà donc un métal qui n'a pas de force coercitive quand il est continu, et qui en acquiert une comparable à celle de l'acier quand on le réduit en fragments discontinus, que l'on rapproche par la pression. « N'est-ce point, dit M. Jamin, à cette discontinuité qu'il faut attribuer la polarité observée, et n'est-ce pas aussi cette même cause qui explique la force coercitive de l'acier? On ne peut se rendre compte de la distribution dans un aimant sans le considérer comme composé de files d'éléments magnétiques très petits, à pôles opposés, réagissant entre eux à distance. Jusqu'à présent on paraissait admettre que ces éléments sont les *molécules* elles-mêmes ; l'expérience précédente semble montrer qu'ils sont formés soit par des fragments de fer rapprochés, soit par de petits cristaux agglomérés. »

Lorsqu'on mélange la limaille de matières étrangères avant de la presser, on ne peut plus lui donner la même polarité. Une pâte faite avec de la limaille et du chlorure de fer donne des bâtons qui ressemblent au fer, mais qui s'aimantent à peine. Le fer réduit par l'hydrogène et l'oxyde des battitures se comportent comme la limaille, mais des substances magnétiques mêlées à la limaille changent notablement la faculté

[1] Nous verrons plus loin qu'on appelle force coercitive la propriété que possède l'acier de *garder* le magnétisme qui lui est communiqué.

qu'elle a de s'aimanter. M. Jamin se propose de continuer ces recherches avec une presse hydraulique plus puissante.

Ce qui confirmerait l'idée que l'aimantation repose sur une orientation des molécules, c'est qu'il est prouvé qu'elle produit des déplacements moléculaires qui se traduisent par des changements de dimensions. Joule, Wertheim et Tyndall ont constaté qu'une barre de fer s'allonge au moment où elle s'aimante ; mais elle diminue en même temps d'épaisseur, car le volume ne change pas. D'autres expérimentateurs ont démontré directement que les molécules tendent à s'arranger en files parallèles à l'axe de l'aimant qui prend naissance. Enfin Page, Wertheim, de la Rive, ont observé des sons émis par des barres ou des fils de fer au moment où se produisait l'aimantation sous l'influence d'un courant électrique.

Tous ces faits viennent à l'appui de l'hypothèse des aimants élémentaires.

CHAPITRE V

LES PHÉNOMÈNES D'INFLUENCE

La rupture d'un barreau aimanté ordinaire donne toujours des aimants complets, semblables à l'aimant primitif, mais plus faibles que ce dernier (fig. 12). On peut inversement faire un aimant nouveau avec plusieurs aimants réunis bout à bout par les pôles de noms contraires ; les deux pôles extrêmes se trouvent ainsi renforcés. Au lieu d'assembler ainsi bout à bout une série de barreaux aimantés, on peut aussi prendre un seul aimant et le prolonger par un ou plusieurs barreaux de fer doux qui se touchent par les bouts. On appelle *fer doux* un fer bien pur, recuit au feu, et qui à froid se laisse aisément plier et tordre sans casser ; le fer dans cet état est généralement dépourvu de magnétisme, ce que l'on reconnaît en constatant qu'il ne retient pas la limaille de fer neuve. Si on les rapproche d'un aimant, comme nous venons de le faire, les barreaux de fer doux *s'aimantent eux-mêmes par influence,* et l'on a une série d'aimants temporaires attachés les uns aux autres par leurs pôles opposés; mais, dès qu'on éloigne l'aimant qui leur a communiqué sa vertu, ils perdent leur magnétisme et cessent de s'attirer.

On peut rendre visible l'aimantation passagère des

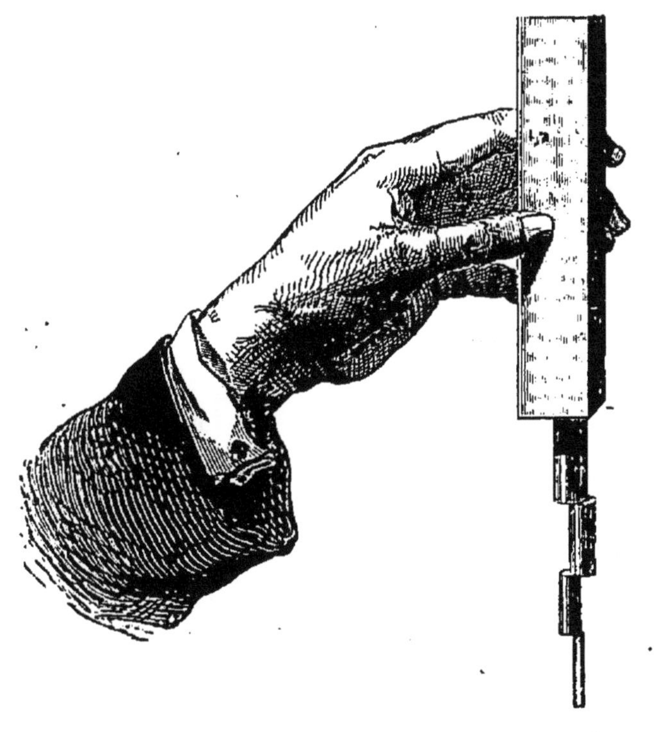

Fig. 15. — Chaîne magnétique.

barreaux de fer doux à l'aide du fantôme magnétique, en projetant de la limaille sur une feuille de papier étendue sur les barreaux juxtaposés.

Une autre expérience qui démontre le même fait est celle de la *chaîne magnétique,* déjà décrite par Lucrèce. On suspend à un aimant un anneau de fer doux, à celui-ci un second, au second un troisième, et ainsi de suite tant que le poids total des anneaux ne dépasse pas celui que l'aimant peut porter; la chaîne sera d'autant plus longue que l'aimant sera plus puissant. La figure 15 représente la même expérience faite avec une série de petits cylindres. L'attraction qu'ils exercent les uns sur les autres et qui fait qu'ils restent pendus au-dessous de l'aimant prouve qu'ils sont eux-mêmes devenus des aimants; mais, si l'on détache le premier, leur vertu factice disparaît, toute la chaîne se disloque et tombe.

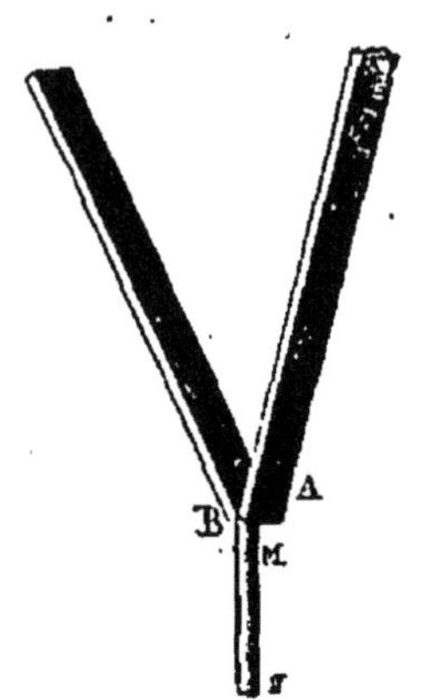

Fig. 16. — Influence neutralisée.

On a imaginé bien d'autres expériences destinées à mettre en lumière l'aimantation passagère du fer doux par influence. Une des plus connues consiste à rapprocher du pôle d'un aimant qui porte un objet de fer, le pôle contraire d'un autre aimant de même force: aussitôt l'on voit l'objet se détacher, l'influence du second aimant ayant détruit celle du premier (fig. 16).

L'influence qui produit l'aimantation temporaire se fait d'ailleurs sentir à distance, — à une distance d'autant plus grande que l'aimant d'où elle émane est plus puissant; on peut la constater par l'attraction qu'un morceau de fer doux exerce sur la limaille de fer lorsqu'on en approche un aimant de plus en plus près (fig. 17). Les grains de limaille eux-mêmes, dans ces expériences, sont tous de petits aimants temporaires qui s'attachent les uns aux autres par leurs pôles contraires.

Gilbert suspend verticalement deux brins de fil de fer à deux cordons parallèles, et en approche en dessous le pôle d'un aimant : aussitôt les deux brins semblent se fuir ; ils se repoussent parce qu'ils viennent d'être aimantés tous deux de la même manière. Les extrémités inférieures s'écartent moins que les extrémités supérieures, parce qu'elles sont attirées par le pôle de l'aimant.

Une expérience curieuse, citée par Æpinus sous le

Fig. 17. — Influence à distance.

nom de *paradoxe magnétique*, consiste à semer sur une table des grains de limaille et à frapper de petits coups sur le bois pendant qu'on tient, d'abord au-dessus, ensuite au-dessous du centre de la table, un aimant vertical, le pôle sud en haut, le pôle nord en bas. Dans le premier cas, la limaille marche vers le centre, et vient s'accumuler au-dessous du pôle nord de l'aimant; dans le second, elle s'éloigne et semble fuir le pôle sud, et cependant les deux pôles l'attirent également dans les deux cas. Pour expliquer ce phénomène, il faut supposer que les grains de limaille, aimantés par influence et projetés en l'air par les coups frappés sur la table, se dirigent comme l'aiguille d'inclinaison et retombent toujours sur leurs pôles nord, lesquels, dans le premier cas, sont plus loin, dans le second, plus près du centre que les pôles sud (fig. 18).

Watkins avait reconnu dès 1833 que, lorsqu'on approche d'un pôle d'aimant l'extrémité d'une tige de fer doux, cette extrémité montre une polarité contraire tant qu'elle est à une distance sensible de l'aimant, mais qu'elle prend une polarité de même sens dès qu'elle vient à le toucher ou que la distance est seulement très petite. Ce paradoxe apparent a été confirmé plus tard par M. Van Rees et d'autres physiciens ; on l'explique facilement, car il est clair qu'à de petites distances le magnétisme permanent de l'aimant doit prédominer sur le magnétisme induit du fer, et le dissimuler. Ainsi, lorsqu'on applique contre les pôles d'un aimant en fer à cheval les extrémités d'une pièce de fer doux de même forme, on obtient un cercle fermé où les pôles de l'aimant sont en quelque sorte prolongés par le fer doux.

Fig. 18. — Paradoxe magnétique.

Dans ces expériences, on voit l'aimantation se produire subitement, et disparaître aussitôt que la cause qui l'a provoquée est supprimée. Il n'en est plus de même lorsqu'on emploie, au lieu du fer doux, de l'acier trempé. L'influence de l'aimant fait naître les mêmes pôles, et ils sont placés de la même manière; mais le magnétisme ne se développe dans les barreaux d'acier que lentement, il faut les frotter pendant quelque temps contre l'aimant inducteur avant qu'ils puissent y adhérer; puis, une fois développé, le magnétisme de ces barreaux persiste après qu'on les a soustraits à l'influence de l'aimant. Il y a donc entre l'acier et le fer doux cette différence, que le fer doux prend et perd instantanément son magnétisme, tandis que l'acier l'acquiert péniblement et ne le perd plus, une fois qu'il le possède. On a appelé cette propriété de l'acier sa *force coercitive*. Ce mot s'emploie encore, bien qu'au fond il n'ait aucune signification précise.

Nous avons rapporté plus haut les curieuses expériences de M. Jamin sur l'aimantation de la limaille comprimée, qui font penser que la force coercitive dépend d'une certaine discontinuité des particules du fer et de l'acier. En tout cas, on sait que la force coercitive de l'acier augmente par la trempe, et diminue par le recuit. Le fer écroué ou trempé la possède aussi, bien qu'à un moindre degré; on peut la communiquer au fer le plus doux en le tordant, en le battant au marteau. Enfin le fer réduit par voie chimique la possède également. Aussi est-il difficile de trouver du fer qui en soit entièrement dénué.

La simple influence de la terre peut dès lors communiquer une faible aimantation permanente à des barres de fer dur. C'est pour cette raison que les croix de fer des cloches et les tiges de fer qui sont longtemps tenues dans une position verticale[1] acquièrent des propriétés magnétiques. Ces propriétés se développent lentement, mais, une fois acquises, elles persistent ; le martelage qu'on a fait subir à ces barres de fer en les travaillant, et même l'action prolongée de l'air, les durcissent d'ailleurs à la surface et en augmentent la force coercitive.

D'après Gilbert, cette aimantation naturelle aurait été constatée pour la première fois sur la croix de la girouette du clocher des Augustins, à Mantoue. Gassendi l'a observée, en 1630, sur une croix tombée de vétusté du clocher de l'église Saint-Jean, à Aix en Provence ; la rouille qui en recouvrait le pied était surtout fortement magnétique. Sur l'axe de fer de la cloche d'une église de Marseille, qui était resté en place depuis quatre cent trente ans, il s'était formé peu à peu un épais dépôt de rouille. L'axe ayant été nettoyé en 1730, cette rouille se trouva posséder les propriétés de la pierre d'aimant ; elle avait d'ailleurs la même dureté, et la cassure laissait apercevoir des lamelles cristallines[2].

Les espagnolettes des fenêtres, les pelles, les pincettes qui restent longtemps debout contre un mur, finissent également par montrer des traces d'aimantation.

Lorsqu'on place une barre de fer doux dans la di-

[1] Cette position diffère peu de celle de l'aiguille d'inclinaison, où l'aimant terrestre a son maximum d'influence.

[2] *Hist. de l'Ac. roy. des Sc.*, 1731.

rection de l'aiguille d'inclinaison, qui est celle où l'aimant terrestre a toute son action, on peut constater qu'elle a subitement acquis un faible pouvoir magnétique, car elle attire ou repousse l'aiguille d'une boussole qu'on présente à l'une de ses extrémités. Si on la retourne bout pour bout, on renverse en même temps sa polarité, car l'effet sur la boussole reste le même : l'extrémité inférieure repousse toujours le pôle nord de l'aiguille, l'extrémité supérieure repousse le pôle sud. Il s'ensuit que les pôles de la barre sont naturellement placés comme ceux de l'aiguille d'inclinaison.

Lorsqu'on emploie du fer tout à fait doux, l'aimantation est instantanée, et les pôles sont subitement renversés lorsqu'on retourne la barre; il n'en est plus de même quand on fait usage d'une barre d'acier ou de fer dur. Dans ce cas, l'état magnétique ne s'établit que lentement, et il persiste, une fois qu'il s'est produit.

On peut accélérer l'aimantation spontanée par des moyens mécaniques. Une lame d'acier placée verticalement, ou mieux dans la direction même de l'aiguille d'inclinaison, acquiert un faible magnétisme permanent, si on la frappe à petits coups répétés. On peut même, par une forte percussion, en frappant un bout avec un marteau, ou bien en la poussant vigoureusement contre le sol, aimanter d'une manière durable une barre de fer doux. L'ébranlement mécanique y développe la force coercitive que la trempe donne à l'acier. Scoresby a ainsi obtenu des aimants assez puissants. Déjà Gilbert, dans son ouvrage *de Magnete*, représente un forgeron occupé à marteler une barre de fer couchée sur l'enclume dans la direction du méridien magnétique. Le docteur Hook aimantait des barreaux d'acier en leur faisant subir l'opération de la trempe dans la position verticale.

Un gros fil de fer s'aimante lorsqu'on le tord fortement. Il n'est pas rare de trouver des outils d'acier, — barreaux, limes, ciseaux, etc., surtout lorsqu'ils sont employés à couper le fer, — qui ont pris sous l'influence de la terre une aimantation permanente.

Cette influence terrestre est cause qu'un aimant s'affaiblit lorsqu'on le laisse longtemps dans une position très différente de celle qu'il prendrait naturellement, s'il était librement mobile. Il s'ensuit aussi que la force d'un aimant n'est point rigoureusement la même dans toutes les positions qu'on peut lui donner ; le maximum s'obtient lorsqu'il est parallèle à l'aiguille d'inclinaison.

La force coercitive du fer s'accroît généralement avec le temps ; cependant on cite des exemples qui prouveraient que certains fers doux n'en acquièrent jamais. M. Barlow a trouvé que le *portant* d'un aimant en fer à cheval, qui était resté en place depuis quarante-cinq ans, n'offrait aucune trace de magnétisme permanent.

D'un autre côté, un cercle fermé de fer doux retient l'aimantation qui lui est communiquée. Lorsqu'on aimante un anneau formé de deux pièces de fer doux en y promenant le pôle d'un aimant, les molécules s'orientent partout de la même manière, et les bouts qui se touchent s'attirent, ils continuent d'adhérer après la cessation de l'influence ; mais, dès qu'on les sépare, l'aimantation disparaît, et ne revient pas si on les rapproche de nouveau. C'est une sorte d'équilibre instable. Cette observation a été faite pour la première fois par M. de la Borne, sur des fils de fer pliés en forme d'anneau. On a souvent constaté aussi que l'armature d'un électro-aimant en fer doux non seulement conserve son adhérence, mais porte encore des poids, après la cessation du courant, lorsque l'aimant a la forme d'un fer à cheval.

CHAPITRE VI

LES PROCÉDÉS D'AIMANTATION

Les procédés qu'on emploie pour aimanter un barreau d'acier par influence sont très variés. Le simple contact d'un aimant suffit à la rigueur ; mais l'action s'accélère par la friction. Le magnétisme obtenu est d'autant plus énergique que l'aimant inducteur est plus fort ; cependant il y a pour chaque barreau un maximum de charge qu'on ne peut dépasser que momentanément : abandonné à lui-même, le barreau revient à cette charge limite, et l'on dit alors qu'il est *saturé* ou *aimanté à saturation*.

Dès le douzième siècle, on construisait des boussoles avec des aiguilles de fer que l'on excitait par le contact d'un aimant.

> Qui une aiguille de fer boute
> En un poi de liege, et l'atise
> A la pierre d'aimant bise,

dit un poème attribué à Guillaume le Normand.

Le simple contact bout à bout (fig. 19) produit une aimantation lente et irrégulière. Il se développe dans la barre, contre le pôle A de l'aimant inducteur, en *b*, un pôle de nom contraire, et à l'autre extrémité *a* un pôle de même nom, si la barre n'est pas trop longue.

Fig. 19. — Simple contact.

L'action s'accélère lorsqu'on frappe la barre ou qu'on la frotte avec un corps non magnétique. Si elle est très longue ou d'un acier très dur, le pôle de même nom se forme non pas à l'extrémité *a*, mais plus près de *b*; il se produit des points conséquents qui ne disparaissent que par une action très prolongée.

Pour augmenter l'effet de l'influence, on fait glisser le barreau d'acier *ab* sur le pôle A, ou bien on promène ce dernier d'un bout à l'autre du barreau, toujours dans le même sens, de *a* en *b*. C'est la méthode de la *simple touche* (fig. 20). Le barreau s'aimante alors, et le pôle qui se développe à l'extrémité *a*, dont l'aimant s'éloigne, est de même nom que le pôle inducteur, tandis qu'à l'autre extrémité *b*, dont l'aimant se rapproche dans son mouvement, se développe un pôle de nom contraire. Cette distribution des pôles correspond donc à la position de l'aimant A au moment où il *quitte* la barre. L'ébranlement mécanique causé par la friction aide évidemment l'action d'influence à s'établir.

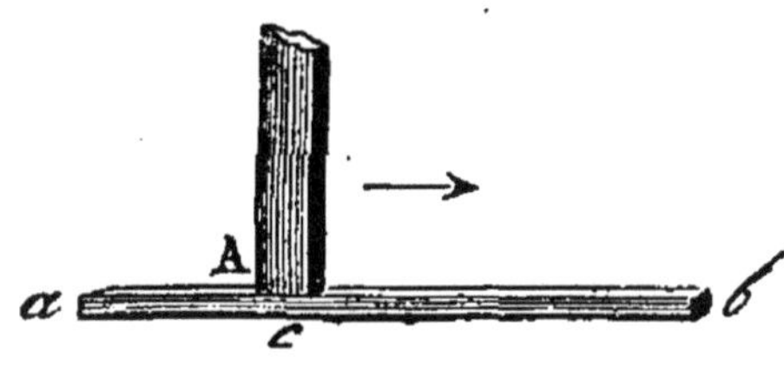

Fig. 20. — Simple touche.

La méthode de la simple touche, qui a été longtemps la seule en usage, donne des résultats très satisfaisants lorsqu'on dispose d'un aimant d'une certaine force ; mais avec des aimants faibles, elle ne suffit pas pour atteindre la saturation ; elle a de plus le désavantage de donner facilement des points conséquents (de même que le simple contact), surtout si la lame que l'on veut aimanter est un peu longue et d'un acier dur. Or les points conséquents diminuent la force directrice des aiguilles, et, comme il importe de donner aux boussoles toute l'énergie possible, on a cherché de bonne heure des procédés plus efficaces et pouvant donner des résultats plus réguliers. Ces procédés reposent sur l'emploi simultané des deux pôles contraires A, B, de deux aimants de force égale. On les pose ensemble au milieu du barreau, puis on les écarte en les faisant marcher en sens inverse vers les deux extrémités : c'est la méthode de la *touche séparée*, — ou bien on les laisse réunis et on les promène à la fois sur le barreau : c'est la méthode de la *double touche*.

L'introduction de ces méthodes date, à vrai dire, de l'année 1750, où Duhamel en France, Michell et Canton en Angleterre, publièrent à peu près simultanément leurs découvertes relatives à l'aimantation de l'acier, bien que le docteur Gowan Knight ait employé la touche séparée quelques années plus tôt à produire des aimants d'une grande force, et que Servington Savery en ait fait usage dès 1730. En même temps on trouva que l'aimantation s'obtenait plus rapidement lorsque les extrémités des barreaux, au lieu d'être libres, étaient appuyées contre des lames de fer ou d'acier, qui jouaient le rôle de véritables armures, et dont la réaction favorisait le développement du magnétisme. Ces procédés, perfectionnés dans la suite par Æpinus et Coulomb, comportent des modifications très diverses dans le détail desquelles il est inutile d'entrer ici ; il nous suffira d'en indiquer le principe.

Lorsque Gowan Knight présenta, en 1746, à la Société royale de Londres ses aimants artificiels obtenus par un procédé nouveau, il refusa de divulguer la nature de son invention. « On m'en offrirait autant de guinées que j'en pourrais emporter, disait-il, que e. ne donnerais pas mon secret. » Ce n'est qu'après sa mort que Wilson a fait connaître le mode d'opération employé par lui. Cependant ses aimants, célèbres par leur puissance, s'étaient répandus partout, et avaient excité l'émulation des physiciens. C'est ainsi que, vers 1745, Réaumur et Buffon reçurent d'Oxford de petits barreaux, « aimantés par un médecin anglais sans avoir été passés sur aucune pierre, » et qui soulevaient des poids relativement considérables. Duhamel, à qui ces aimants furent communiqués, savait qu'un « fabricant d'instruments de mathématique » de Paris, Lemaire, possédait également un procédé d'aimantation d'une grande efficacité. Lemaire magnétisait une lame d'acier en l'attachant sur une autre lame plus longue, et il réunissait plusieurs lames ainsi préparées pour en former un faisceau. Ce fut là le point de départ des recherches de Duhamel sur les avantages qu'on peut tirer des armatures pendant l'aimantation.

Knight appliquait la lame d'acier sur deux aimants couchés horizontalement et opposés par leurs pôles contraires, entre lesquels il laissait un petit intervalle; puis il retirait simultanément les deux aimants de dessous la lame, qui s'aimantait par le frottement. Il est plus commode d'opérer comme le faisait Duhamel. Les aimants A, B (fig. 21) sont inclinés sur la lame *ab* sous un angle aigu ; on pose les deux pôles au milieu de la lame, puis on les écarte en frottant ; arrivé aux deux bouts, on les relève pour les ramener

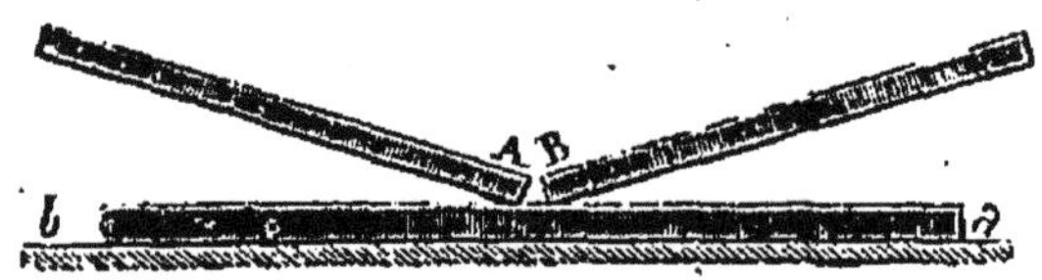

Fig. 21. — Touche séparée.

au milieu, et l'on recommence les frictions. C'est ce qu'on appelle la *touche séparée :* ce n'est au fond que le procédé de la simple touche, appliqué à la fois aux deux moitiés de la lame. Le pôle A développe encore un pôle de même nom à l'extrémité *a*, dont il s'éloigne, et un pôle de nom contraire à l'extrémité *b*, dont il s'approche, et qu'il quitte la dernière; le pôle contraire, B, produit le même effet précisément parce qu'il marche en sens inverse: son action s'ajoute donc à celle du pôle A.

La *double touche* consiste, comme nous l'avons déjà dit, à promener les pôles A, B sur le barreau *ab* en les laissant réunis. Michell, l'inventeur de la double touche, posait perpendiculairement sur le barreau deux aimants parallèles, séparés par une cale de bois ou de cuivre, et les faisait glisser ensemble sur toute la longueur du barreau. Æpinus, professeur de physique à Saint-Pétersbourg, qui adopta le procédé de la double touche, préféra incliner les aimants sous un angle aigu, comme l'avait fait Duhamel [1]. La figure 22 montre la disposition de ces aimants accouplés.

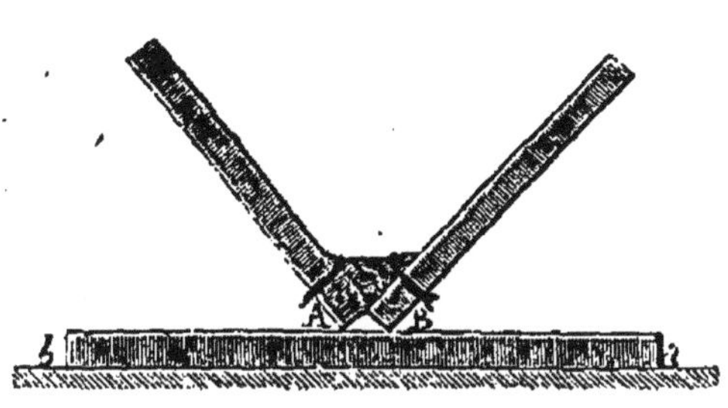

Fig. 22. — Double touche.

Lorsque les pôles A, B sont promenés ensemble sur un barreau d'acier, ils conspirent pour aimanter de la même manière les molécules comprises dans l'intervalle AB, tandis que leurs actions sur une molécule située en dehors de cet intervalle se contrarient. De plus, la résultante des actions extra-polaires est opposée à l'induction intra-polaire ; mais comme elle n'est qu'une différence, tandis que l'induction concordante des deux pôles est une somme, c'est ce dernier effet qui l'emporte et qui produit le résultat final. Pour obtenir une aimantation symétrique, on pose d'abord les pôles accouplés au milieu du barreau ; on les fait glisser vers une extrémité, de là vers la seconde, puis vers la première, et ainsi de suite, enfin

[1] On recommande souvent d'employer des angles de 20, de 30, de 45 degrés ; la vérité, c'est que ces inclinaisons sont plus ou moins commodes, mais l'effet, d'après M. Lamont et M. Gaugain, s'accroît à mesure qu'on incline les aimants davantage, on peut même les coucher à plat sur le barreau.

on les ramène au milieu et on les enlève. Michell d'ailleurs aimantait toujours une série de barreaux à la fois, qu'il plaçait en contact à la suite les uns des autres sur une même ligne droite. Il faisait glisser ses aimants accouplés le long de cette ligne, et les barreaux intermédiaires s'aimantaient fortement, beaucoup plus fortement que les deux barreaux extrêmes, que l'on plaçait ensuite à leur tour au milieu pour les renforcer. C'est que les barreaux se servent ici mutuellement d'armures, le premier et le dernier étant les seuls qui ne soient point armés.

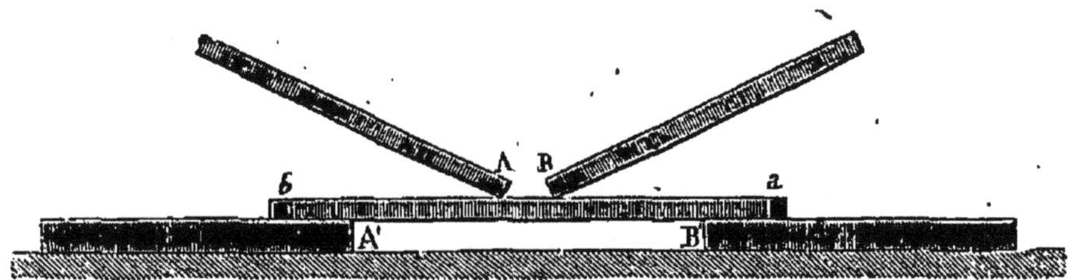

Fig. 25. — Procédé de Coulomb.

On peut, en effet, augmenter notablement l'effet de ces procédés par divers moyens qui ont pour but de fixer, en quelque sorte, aux deux extrémités du barreau le magnétisme qui vient de s'y développer. Duhamel formait un rectangle en réunissant par deux traverses de fer les extrémités de deux barreaux, qu'il aimantait alternativement et en sens inverse ; l'influence réciproque des barreaux, qui s'exerce par l'intermédiaire des armatures, accroît singulièrement l'action des aimants inducteurs. Coulomb recommanda d'appuyer simplement le barreau à aimanter sur les pôles de deux aimants auxiliaires (fig. 25), couchés horizontalement et opposés l'un à l'autre. Comme aimants inducteurs aussi bien que comme aimants auxiliaires, il employait d'ailleurs des faisceaux composés de plusieurs lames et garnis d'armatures de fer doux.

Ces diverses dispositions peuvent être combinées soit avec la méthode de la double touche, soit avec celle de la touche séparée. La double touche procure des effets énergiques et peut s'employer avec avantage lorsqu'on veut aimanter de très gros barreaux ; cependant ce procédé offre deux inconvénients : il ne développe jamais le magnétisme d'une manière parfaitement égale dans les deux moitiés du barreau, et il produit facilement des points conséquents. C'est pour cette raison qu'on préfère la touche séparée pour les aiguilles destinées aux boussoles.

Un fait qui se dégage de tous ces tâtonnements, c'est que le magnétisme se développe surtout puissamment dans les *systèmes fermés* qui composent un circuit complet. Le rectangle de Duhamel, où deux barreaux d'acier sont réunis par deux traverses de fer doux, nous a déjà fourni un exemple d'un tel système ; on peut en composer d'autres en formant un carré avec quatre barreaux, ou bien en opposant l'un à l'autre deux barreaux en fer à cheval, ou enfin en fermant un barreau en fer à cheval par un *contact* de fer doux. Dans tous ces cas, on peut appliquer la *touche circulaire*, qui consiste à promener un pôle d'aimant (ou bien deux pôles accouplés) sur tout le contour du système, toujours dans le même sens.

La source première du magnétisme que l'on développe par ces procédés est d'ordinaire un aimant permanent que l'on possède déjà ; mais l'on peut, au besoin, prendre pour point de départ l'aimantation spontanée d'une barre de fer fixée dans la direction de l'aiguille d'inclinaison. Antheaume obtint, vers 1760, de bons résultats par un procédé fondé sur cette remarque.

La découverte de l'*électro-magnétisme*, dont il sera question au chapitre XXII, a fourni un moyen plus expéditif de transformer des barreaux de fer doux en aimants temporaires, et des barreaux d'acier en aimants permanents. Il suffit, pour cela, d'enrouler autour du barreau, en spires serrées, un fil métallique recouvert d'une enveloppe isolante (gutta-percha, soie, coton, etc.), et de lancer dans cette hélice le courant d'une pile. Le passage du courant fait du barreau de fer doux un *électro-aimant* qui perd son magnétisme dès que le courant est interrompu ; mais les barreaux d'acier conservent le magnétisme qu'ils ont acquis par ce moyen. D'après M. Frick, quand on emploie des courants faibles, on obtient moins d'effet en les faisant agir directement sur le barreau d'acier qu'en les faisant servir indirectement, c'est-à-dire en aimantant le barreau par la double touche à l'aide d'un autre barreau transformé en électro-aimant ; mais avec des courants d'une intensité considérable l'effet paraît être le même, qu'on les fasse agir directement par une hélice ou par l'intermédiaire d'un électro-aimant qu'on promène sur le barreau d'acier.

On emploie d'habitude pour les électro-aimants des barreaux recourbés en fer à cheval. Sur chaque branche s'enroule la moitié du fil, de manière que le sens de l'enroulement soit partout le même en supposant le barreau redressé (fig. 24). Pour s'affranchir de la force coercitive que le fer doux acquiert lorsqu'il est tordu en fer à cheval, on fait aussi des électro-aimants avec deux cylindres de fer doux parallèles, réunis d'un côté par une traverse de fer doux, de l'autre par une traverse de cuivre rouge (fig. 25).

Lorsqu'on donne une armure à l'électro-aimant pendant que le courant passe, on constate, après la rupture

Fig. 24.
Électro-aimant simple.

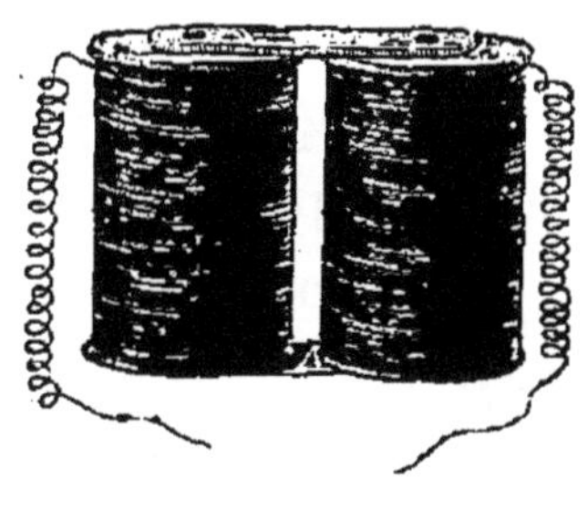

Fig. 25.
Électro-aimant composé.

du courant, que l'aimantation n'a pas complètement disparu : ce résidu de force, qui s'observe toujours lorsqu'on aimante une série de fers doux réunis en circuit fermé, est ce qu'on appelle le *magnétisme remanent*. C'est un avantage quand on veut accroître la force portative, mais c'est un inconvénient toutes les fois qu'il s'agit d'aimanter et de désaimanter rapidement les électro-aimants ; on l'évite en interposant entre les pôles et l'armure une mince feuille de papier.

La puissance d'un électro-aimant dépend aussi bien des dimensions du fer doux qui forme le noyau des bobines, que du nombre des tours des hélices et de l'intensité du courant. M. J. Camacho a obtenu des effets extraordinaires avec des électro-aimants composés de tubes concentriques sur lesquels s'enroule, toujours dans le même sens, un fil de cuivre isolé, dont les couches remplissent les intervalles entre les tubes.

M. Donato-Tommasi a fait connaître tout récemment un nouveau moyen d'aimanter le fer doux, qui est une application du principe de la machine hydro-électrique d'Armstrong, où un jet de vapeur s'électrise par le frottement contre les parois des orifices qui lui donnent issue. On enroule sur le cylindre de fer un tube de cuivre ayant 2 ou 3 millimètres de diamètre, et l'on chasse par cette hélice creuse un courant de vapeur d'eau sous une pression de 5 à 6 atmosphères. On obtient ainsi un véritable aimant à vapeur tant que dure le passage du courant.

L'aimantation ne pénètre dans l'acier que jusqu'à une certaine profondeur qui dépend de l'intensité des moyens qu'on emploie pour la produire. C'est ce que Coulomb et de Haldat avaient conclu de leurs expériences. M. Jamin le démontre à son tour de deux manières : d'abord en aimantant par une bobine un tube d'acier contenant un cylindre de même métal, et en constatant que l'âme ne s'aimante que si le courant de la bobine est intense, — ensuite en enlevant par l'acide sulfurique les couches superficielles d'un barreau aimanté, ce qui détruit en même temps le magnétisme. Il s'ensuit que par un courant faible le magnétisme d'un barreau fortement aimanté n'est détruit ni renversé qu'à la surface, et que les couches profondes gardent un magnétisme contraire ; c'est ce que confirme l'expérience. C'est aussi cette remarque qui a permis à M. Jamin d'imiter l'aimant de Galilée (p. 34).

La profondeur où pénètre l'aimantation varie avec l'acier. M. Jamin l'a trouvée de 4 et même de 1 dixième de millimètre seulement pour certains échantillons : on dirait que ceux-ci ne prennent qu'un vernis magnétique. Mais l'intensité du magnétisme augmente quand la profondeur diminue ; la quantité totale du magnétisme dépend donc de deux causes de variations inverses.

CHAPITRE VII

LA FORCE DES AIMANTS. — FAISCEAUX ET ARMATURES

Des causes très diverses peuvent diminuer à la longue la force d'un aimant : il peut être affaibli par des changements de température, par des chocs qui en modifient la structure moléculaire, par des actions d'influence qui tendent à l'aimanter à rebours. Un barreau aimanté placé dans la direction même de l'aiguille d'inclinaison conservera mieux sa force, parce que l'influence terrestre s'accorde alors avec l'aimantation qu'il possède déjà ; mais si on le retourne bout pour bout, cette influence devient diamétralement opposée, et ne peut avoir pour effet que de l'affaiblir.

Pour mieux conserver ses aimants, Knight les plaçait deux à deux, tête-bêche, dans la même boîte, en laissant entre eux un petit intervalle et en réunissant leurs pôles de nom contraire par deux traverses de fer doux.

Les aimants réunis en faisceaux, dont les pôles de même nom sont tournés du même côté, tendent au contraire à se désaimanter mutuellement. Lorsqu'on vient à démonter le faisceau, on trouve qu'ils se sont affaiblis, surtout ceux du centre. Pour atténuer cette réaction nuisible, on dispose les barreaux par gradins en retrait, ceux du centre dépassant tous les autres.

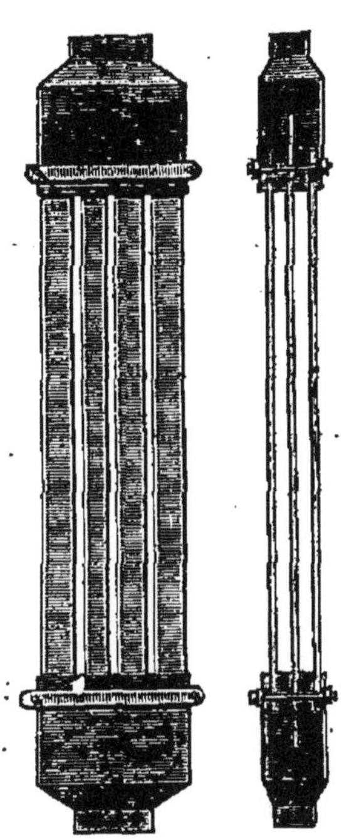

Fig. 26. — Faisceau.

Néanmoins l'expérience a prouvé qu'on a tout avantage à réunir les barreaux aimantés en faisceaux pour se procurer des aimants puissants, d'abord parce qu'il est difficile de tremper de grosses barres d'acier sans les déformer, et non moins difficile de les aimanter à saturation, ensuite parce que les petits aimants ont proportionnellement plus d'énergie que les gros.

Coulomb a fait une étude approfondie des faisceaux magnétiques et a indiqué les règles d'après lesquelles on les construit encore aujourd'hui. La figure 26 représente un faisceau formé de trois couches de quatre lames chacune; ces lames ne se touchent pas, celles du milieu dépassent les autres, et elles sont toutes encastrées dans deux armures de fer doux.

Knight était parvenu à construire deux « magasins magnétiques » composés chacun de 240 lames de 15 pouces qui étaient distribuées en six couches de dix colonnes, formées chacune de quatre lames placées bout à bout, ce qui donnait un total de deux fois

240 ou de 480 lames. Chaque faisceau, consolidé par cinq bandes de cuivre et muni de deux armatures de fer doux, pesait 500 livres et était déposé sur une planche d'acajou mobile autour d'un axe horizontal que portait un chariot. Ce double faisceau produisait des effets surprenants; Knight s'en servait pour aimanter instantanément des barreaux d'acier placés

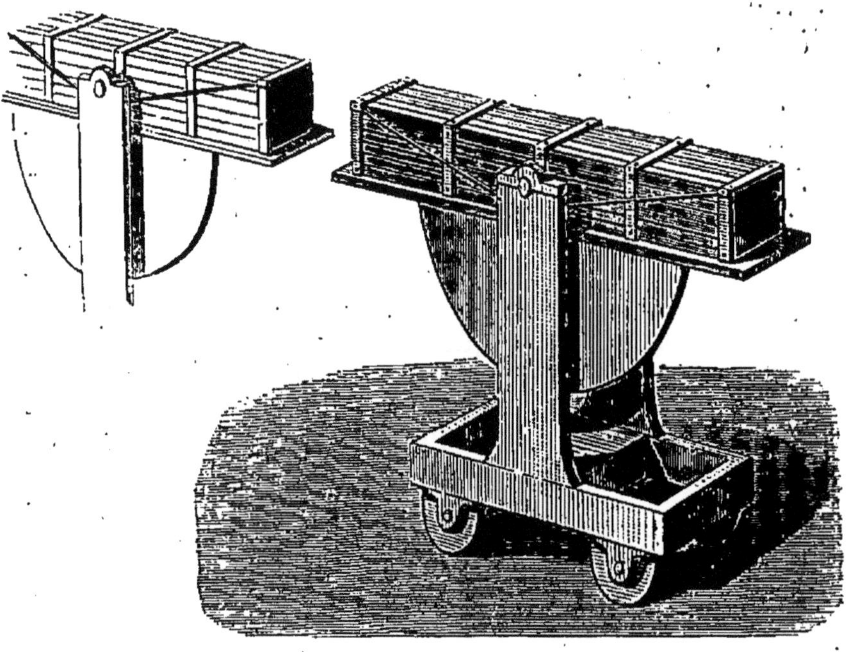

Fig. 27. — Magasin magnétique de Knight.

entre les deux pôles. Les faisceaux sont encore à l'Institut royal de Londres, où on les conserve dans deux caisses de bois. Il paraît qu'ils n'ont plus leur force primitive; on dit que l'affaiblissement est dû à l'échauffement qu'ils ont éprouvé dans un incendie. Faraday les a essayés en 1830. Ayant placé un cylindre de fer doux de 1 pied de longueur entre les deux pôles, il trouva qu'il fallait un poids d'environ 100 livres pour le faire tomber.

Tout le monde sait que les pièces de fer doux, nommées *armures*, *armatures* ou *contacts*, qu'on applique aux pôles des aimants, en augmentent la force portative, qu'il faut bien se garder de confondre avec la force intrinsèque de l'aimant, avec la quantité de magnétisme qu'il contient; il y a là deux choses complètement distinctes, comme nous le verrons bientôt. La *force portative* est le poids maximum qu'un aimant peut porter, et les premiers physiciens la prenaient pour la mesure de la puissance de l'aimant; mais ce poids dépend de la manière dont la charge est appliquée : il peut être accru dans une proportion énorme par l'emploi d'une bonne armature, surtout si l'on augmente peu à peu la charge.

Pour faire agir ensemble les deux pôles d'un barreau, on le recourbe en forme de fer à cheval. La figure 28 représente un aimant de ce genre, formé de plusieurs lames superposées. Armé d'un contact, il porte beaucoup plus que le double de la charge que porterait un seul de ses pôles.

Les aimants naturels sont en général très faibles; les petits sont relativement plus puissants que les gros : ils portent, sans être armés, quarante et cinquante fois leur propre poids, tandis qu'un aimant naturel qui pèse un kilogramme porte rarement plus de dix fois son propre poids. Newton possédait, paraît-il, un aimant naturel, enchâssé dans une bague, qui pesait 3 grains (2 décigrammes) et portait une charge de 746 grains, — près de deux cent cinquante fois son propre poids. On peut également accroître le pouvoir portant des aimants naturels en les garnissant d'armatures de fer doux.

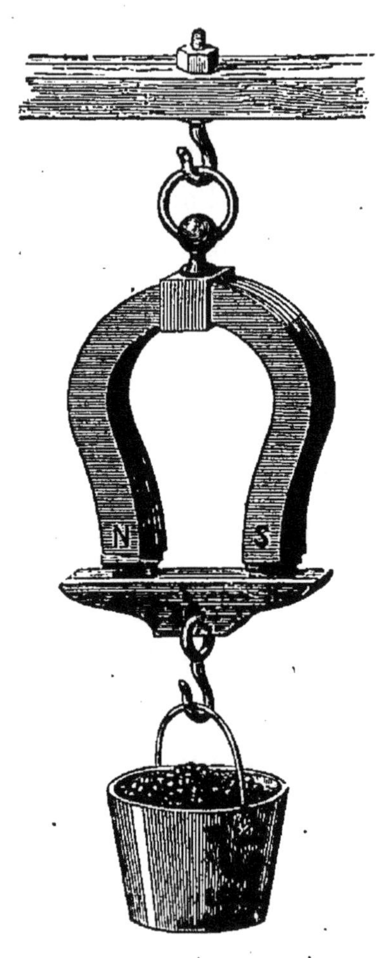

Fig. 28. — Aimant en fer à cheval.

On applique sur deux faces parallèles, taillées aux endroits des deux pôles, deux plaques de fer doux que l'on assujettit par des bandes de cuivre; ce sont les *ailes* ou *jambes* de l'armature. La plaque inférieure se termine par deux *pieds* p, p', auxquels on suspend le *portant* C (fig. 29), muni d'un crochet où s'attachent les poids. Nollet a aussi armé de cette manière des aimants artificiels. Mersenne et de Lanis citent des exemples d'aimants naturels qui, grâce à une armature convenable, pouvaient soutenir deux cents et trois cents fois le poids qu'ils portaient avant d'être armés.

D'après Parrot, le musée Tyler, à Harlem, possède un aimant naturel qui, avec l'armature, pèse 307 livres et porte ainsi au moins 230 livres. Le cabinet de l'Académie des sciences de Lisbonne renfermait un aimant tout aussi puissant, que le roi Jean V avait reçu en cadeau de l'empereur de Chine; il pesait 39 livres et portait d'abord 176 livres; puis, après qu'on eut nettoyé l'armature, qui était venue avec la pierre et qui s'était fortement rouillée, on pouvait suspendre au portant jusqu'à 202 livres.

L'abbé Le Noble, vers 1770, construisait des aimants en fer à cheval qui, convenablement armés, présentaient une force portative considérable. Des aimants d'un poids de 15 livres pouvaient porter jusqu'à 200 livres, et soulever un plateau où piétinait un homme.

La vigueur de l'aimant s'accroît, si on l'abandonne à lui-même, le portant lesté d'un poids. En effet, le contact étant placé et chargé du poids maximum qu'il peut porter, si on le laisse en adhérence pendant un jour, on peut ajouter un nouveau poids sans le faire tomber; le lendemain on peut en ajouter un second, et ainsi de suite. La force portative augmente ainsi progressivement. Cependant il y a une limite qu'on ne peut dépasser : il arrive un moment où le contact tombe, et alors, si on essaie de le replacer, on s'aperçoit que l'aimant a brusquement perdu le surcroît de force qu'on était parvenu à lui donner par une surcharge graduelle; il peut même descendre au-dessous de sa force primitive. Il faut alors réaimanter à saturation et recommencer à charger peu à peu le portant.

La forme du portant a une grande influence sur la limite de charge. On a trouvé qu'il était avantageux d'arrondir les extrémités, et de donner à la surface qui touche les pôles la forme cylindrique, afin de diminuer les points de contact avec les pôles de l'aimant.

Pour évaluer la force portative des gros aimants,

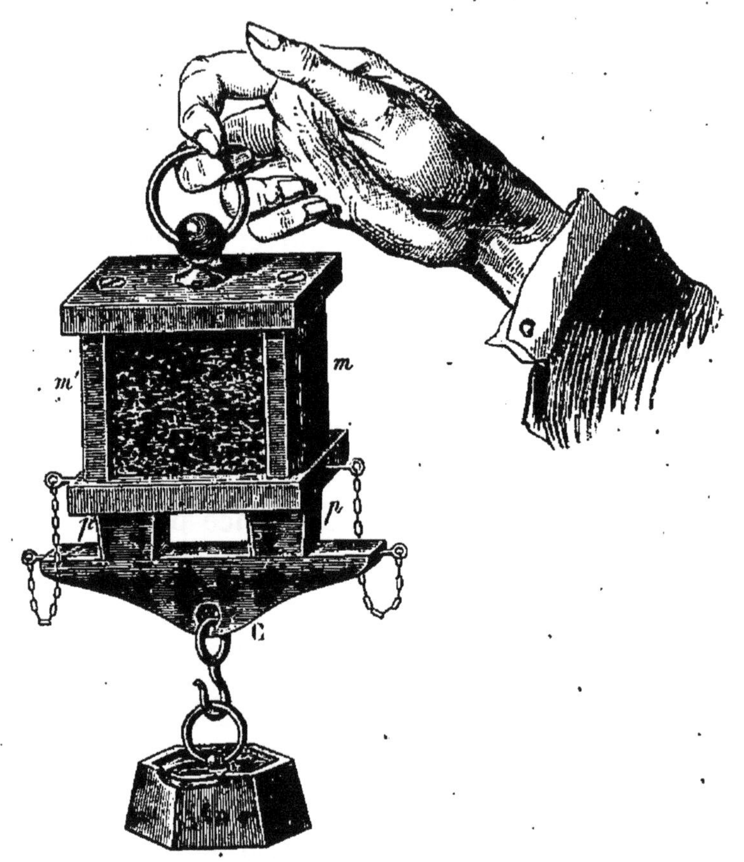

Fig. 29. — Aimant naturel armé.

on les suspend à une traverse de bois soutenue par deux montants, et l'on accroche au portant un plateau que l'on charge de poids progressifs, ou bien on y rattache un levier le long duquel on fait glisser un poids mobile jusqu'à ce que le portant se détache.

Pendant longtemps, MM. Logeman et Wetteren, à Harlem, ont eu le privilège de fournir les aimants artificiels les plus forts. Un aimant en fer à cheval qui pesait 1 livre en portait 26. Voici les limites atteintes par ces constructeurs :

POIDS DES AIMANTS	NOMBRE DES LAMES	FORCE PORTATIVE
30 kilog.	5	150 kilog.
45 —	5	208 —
61 —	7	275 —

Dans ces dernières années, M. Jamin est arrivé non seulement à dépasser ces limites en composant ses aimants de lames très minces superposées, mais à faire une théorie complète de l'aimantation, à déterminer par des formules empiriques la distribution du magnétisme sur les lames et sur les faisceaux de lames de dimensions quelconques, à fournir, en un mot, les moyens de fabriquer à coup sûr des aimants d'une force voulue. Nous allons essayer de donner au moins une idée de cette théorie.

M. Jamin admet qu'un aimant peut toujours être décomposé en filets élémentaires, couchés les uns à côté des autres, et dont les extrémités affleurent les surfaces polaires des deux côtés de la section moyenne. Après une aimantation déterminée, ces filets ont pénétré à une certaine profondeur ; leur nombre est proportionnel à cette profondeur et au périmètre de la section moyenne. La quantité du magnétisme de l'aimant dépend de ce périmètre, pourvu que vers les extrémités les filets trouvent des surfaces polaires suffisantes pour s'y épanouir. Si le barreau est très long, les filets ont plus de place qu'il ne leur en faut pour s'épandre, et l'aimant n'est pas rempli. S'il est très court, la surface devient insuffisante pour la distribution des pôles élémentaires. Dans le premier cas, la ceinture moyenne est trop petite, dans le second elle est trop grande, et entre les deux on peut trouver la section moyenne qui convient à la surface polaire et *vice versa :* dans ce cas, l'aimant est parfait; il est plein. C'est un faisceau de filets enfermés dans la section moyenne comme dans une ceinture, et s'épanouissant vers les extrémités.

En général le barreau n'est aimanté que superficiellement. S'il était aimanté à cœur, c'est-à-dire jusqu'à l'axe, le nombre des filets serait proportionnel à l'aire de la section moyenne. On approche de cet état en divisant l'acier en lames minces qu'on aimante séparément et qu'on superpose. Le nombre des filets augmente alors proportionnellement au nombre des lames; l'aimant est plein, et les extrémités des filets remplissent les surfaces polaires. Voilà pourquoi les faisceaux formés de rubans minces sont supérieurs aux barreaux massifs de même poids.

Supposons maintenant qu'ayant aimanté séparément à saturation un grand nombre de lames, on les superpose : on verra croître le magnétisme du faisceau jusqu'à une certaine limite, qui sera atteinte quand les surfaces polaires seront remplies. Toute addition nouvelle se ferait en pure perte, car l'aimant, étant plein, ne pourrait être dépassé. Pour aller au delà de cette limite, il faut recourir aux armatures, qui permettent de *sursaturer* le faisceau, comme nous le verrons, en agrandissant les surfaces polaires.

M. Jamin emploie un procédé qui permet d'évaluer la totalité du magnétisme d'un aimant : il consiste à diviser la surface de cet aimant en petits carrés élémentaires et à mesurer la force d'arrachement d'un contact d'épreuve placé au milieu de chaque carré, puis à faire la somme des charges magnétiques déduites de ces mesures successives. M. Jamin a constaté ainsi que *l'application d'une armature à l'un des bouts d'un aimant y provoque une nouvelle distribution, mais ne diminue ni n'augmente la somme du magnétisme qui s'y trouvait.* Il y a d'ailleurs indépendance complète entre les deux moitiés de l'aimant. Si l'on applique une armature à l'extrémité boréale, l'armature prend du magnétisme, l'acier en perd; mais la modification n'a lieu que d'un seul côté, l'état magnétique de la portion australe ne subit aucun changement.

Seulement, dans l'interprétation de ces expériences, il ne faut pas oublier que le contact d'épreuve, placé sur un fer doux aimanté, attire à lui le fluide qui existe dans un rayon assez grand, à cause de la conductibilité du fer, tandis que sur l'acier il n'attire que le fluide contenu dans un rayon plus limité. Il s'ensuit que l'intensité constatée par ce moyen sur l'acier paraîtra plus petite qu'elle ne l'est en réalité, et que le gain de l'armature sera en apparence plus considérable que la perte de l'acier, bien qu'il y ait égalité entre le gain et la perte. Le rapport des nombres trouvés pour le magnétisme gagné par le fer doux et pour la perte subie par l'acier donne le rapport des rayons d'attraction; il exprime aussi la conductibilité relative de cet acier comparé au fer doux, et le rapport inverse exprime la force coercitive du même acier. Ainsi M. Jamin a trouvé pour un acier très dur 0,17, pour un acier fondu trempé 0,41, pour un acier au wolfram, recuit au blanc, 0,80 ; ces nombres montrent qu'un acier très dur a une conductibilité six fois moindre que celle du fer doux, et un acier très doux une conductibilité presqu'aussi grande que celle du fer. Les rapports inverses, — 5,9 — 2,4 — 1,2, — représentent la force coercitive de ces trois aciers.

Certains aciers très durs prennent un magnétisme notable, mais qui apparaît très peu au contact d'épreuve, à cause de leur grande force coercitive. Ils attirent peu la limaille, ont une force portative assez faible, mais leur énergie dissimulée reparaît dès que l'on considère l'action à distance, car la conductibilité n'y est pour rien, c'est la charge magnétique vraie qui agit dans ce cas.

Un fer doux et un acier très dur également chargés de fluide magnétique produisent le même effet à distance, bien que l'acier se montre beaucoup plus faible en force portative, en intensité au contact et dans l'action sur la limaille. Ce ne sont pas les aimants les plus chargés de fluide qui portent le mieux, ce sont ceux qui ont la meilleure conductibilité. L'ignorance de ces principes a fait commettre bien des erreurs.

Le rôle des armatures s'explique d'ailleurs très simplement par la théorie de M. Jamin sur la constitution des aimants. Lorsqu'on met un morceau de fer à la suite d'un aimant tout fait, un certain nombre de filets magnétiques se prolongent à travers l'armature, et au lieu de finir à la surface de l'acier, viennent affleurer sur celle du fer. Il n'y a qu'un simple déplacement, et la perte de l'acier est égale au gain du fer; mais, si nous réaimantons l'acier armé, en le passant dans une bobine, il se produit une distribution nouvelle, et le gain de l'armature peut être plus considérable que la perte de l'acier, de sorte que le magnétisme total se trouve en définitive augmenté. C'est ce qui arrive pour des aimants trop courts, dont les surfaces polaires sont insuffisantes pour l'épanouissement complet des filets que peut contenir la section moyenne. L'armature ajoute alors le débouché qui manquait à l'aimant, et permet d'en accroître la force.

On obtient ainsi un aimant *sursaturé*. Au contraire, un aimant dont les surfaces polaires sont suffisantes ou plus que suffisantes par elles-mêmes, c'est-à-dire un aimant plein ou imparfaitement rempli, ne gagne rien par une réaimantation à laquelle on le soumet après l'avoir armé.

On trouve ici l'explication des différences très sensibles qu'on observe entre la force portative d'un faisceau qu'on aimante tout armé et la force qu'il garde après l'enlèvement du contact. Ainsi M. Jamin avait pu donner à un faisceau de lames en fer à cheval une force portative de 800 kilogrammes, mais aussitôt que le contact avait été arraché et qu'on voulait le replacer, l'aimant ne portait plus que 300 kilogrammes, et c'était sa force de saturation persistante. L'aimant en question avait des surfaces insuffisantes, il avait été sursaturé, et après l'arrachement du contact il ne gardait que le magnétisme correspondant à l'étendue réelle de ses surfaces polaires. Avec un moins grand nombre de lames, assez petit pour que l'aimant total soit imparfaitement rempli, on ne trouve plus de différence entre le premier arrachement et les suivants.

Nous avons déjà dit aussi qu'en superposant des lames aimantées séparément on arrive bientôt à une limite de force portative qui ne peut être dépassée par l'addition de lames nouvelles, parce que l'aimant est plein. Mais si l'on applique les mêmes lames contre deux armatures de grande surface, on peut considérablement augmenter l'épaisseur du faisceau et sa force portative parce qu'on ouvre un débouché aux extrémités des filets magnétiques.

Dans ces derniers temps, comme je l'ai déjà dit, M. Camacho a obtenu de grands effets avec des électro-aimants *tubulaires*, dont le noyau magnétique se compose d'une série de tubes de fer introduits les uns dans les autres, et munis chacun d'une hélice magnétisante[1]. Comme le magnétisme ne pénètre pas à une grande profondeur dans le fer, la division de la masse en couches minces sur lesquelles agissent directement les hélices doit favoriser l'aimantation à peu près comme les chaudières tubulaires favorisent l'action de la chaleur sur l'eau. Toutefois, d'après M. du Moncel, ce n'est pas seulement à l'action plus directe et plus efficace de l'hélice magnétisante que ces électro-ai-

[1] Avec des noyaux de 20 centimètres de hauteur et de 12 centimètres de diamètre, formés de quatre tubes concentriques, et un courant de 10 éléments Bunsen, la force attractive dépassait 700 kilogrammes à 12 millimètres.

mants doivent leur supériorité, c'est surtout à la réaction des noyaux tubulaires les uns sur les autres, une fois qu'ils sont aimantés. Chaque tube magnétise *tous ceux qu'il enveloppe*, et les actions se superposent de telle façon que la force résultante est double de la somme des forces individuelles des tubes. La plus grande force magnétique se concentre ici dans le noyau central. C'est l'inverse de ce qui se produit avec les noyaux massifs.

Des rondelles ou semelles de fer adaptées aux extrémités polaires de ces sortes d'électro-aimants sont toujours nuisibles, parce qu'elles les replacent jusqu'à un certain point dans la condition des noyaux massifs, et il faut en dire autant des bagues de fer qu'on introduirait entre les tubes. Ces espèces d'armatures ne serviraient donc qu'à diminuer la force des électro-aimants tubulaires à noyaux multiples, tandis que des bouchons de fer dans les noyaux tubulaires simples produisent des effets avantageux.

CHAPITRE VIII

ACTION DES AIMANTS A DISTANCE. — INFLUENCE DE LA CHALEUR, DE LA LUMIÈRE

L'intensité des attractions et des répulsions magnétiques varie avec la distance. Quelle est la loi de ces variations ? C'est la même qui régit aussi la gravitation et les autres forces sensibles à distance. Tout mouvement qui rayonne librement en tous sens, lumière, électricité, chaleur ou son, se répand à partir du point d'origine sur des systèmes concentriques. Or, la surface de ces sphères croissant toujours comme le carré du rayon (une surface quadruple correspondant à un rayon double), il s'ensuit que l'intensité de la force émanée des centres doit diminuer dans le même rapport à mesure qu'elle s'éparpille sur les sphères successives. Donc l'intensité d'un rayonnement décroît sans cesse à partir du centre : elle est, en un point quelconque, *en raison inverse du carré de la distance*. Elle se réduit au quart à la distance 2, à un neuvième à la distance 3, et ainsi de suite.

Pour vérifier cette loi, il faut mesurer l'intensité des actions magnétiques, et l'on a imaginé à cet effet plusieurs instruments. Un des meilleurs est la *balance de torsion* de Coulomb, qui sert également à mesurer les attractions et les répulsions électriques. Dans une cage de verre, cylindrique ou carrée (fig. 30), surmontée d'un tube de verre, est suspendue à un fil métallique une aiguille aimantée. Tout autour de la cage règne une bande sur laquelle sont tracées des divisions pour mesurer les angles dont l'aiguille s'écarte de sa position de repos. Un disque gradué, au sommet du tube, permet de tordre le fil de manière à faire tourner l'aiguille dans un sens ou l'autre, et l'expérience a prouvé que la force de torsion qui tend à ramener le fil à son état initial est proportionnelle à l'arc qui mesure cette torsion. La lecture du disque gradué et des divisions tracées à la hauteur de l'aiguille permet donc d'apprécier la force de torsion qui agit sur cette aiguille, lorsqu'elle a été écartée de sa position de repos.

L'aiguille étant d'abord placée dans le méridien magnétique sans qu'il y ait aucune torsion, on commence par faire tourner le disque pour amener l'aiguille dans une série de positions en dehors du méridien. Les forces de torsion qui correspondent à ces positions contre-balancent l'effort que fait la force directrice du globe pour ramener l'aiguille dans le méridien magnétique; on peut ainsi mesurer cette force pour chaque position de l'aiguille par un angle de torsion équivalent.

Ces déterminations préliminaires obtenues, et

l'aiguille ayant été ramenée dans le méridien, on approche d'un des pôles de l'aiguille le pôle de même nom d'un aimant vertical qu'on fait passer par un trou pratiqué dans le couvercle de la cage, et qui doit se

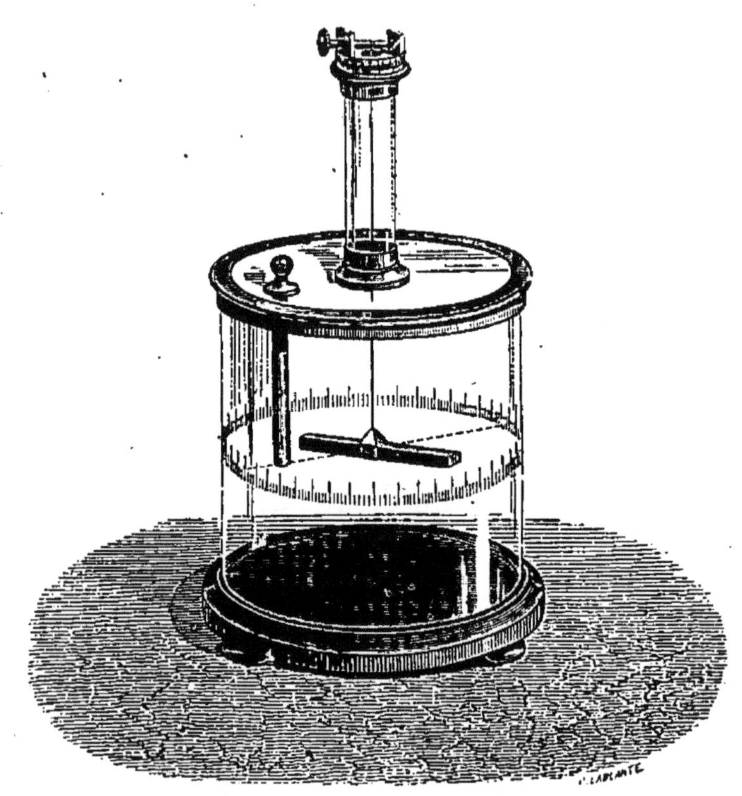

Fig. 30. — Balance de torsion.

trouver dans le méridien magnétique. L'aiguille est repoussée, s'écarte du méridien, et s'arrête dans une position d'équilibre où la répulsion qui émane de l'aimant est contre-balancée par la somme de la force de torsion et de la force directrice terrestre qui correspondent à l'angle d'écart observé.

Si maintenant on fait tourner le disque gradué de manière à tordre le fil davantage, l'aiguille se rapproche de l'aimant, et les deux forces qui tendent à la ramener dans le méridien sont équilibrées par une répulsion plus forte. En évaluant ces forces par une série de positions successives de l'aiguille, on trouve que les répulsions sont effectivement en raison inverse du carré des distances qui séparent le pôle de l'aiguille du pôle de l'aimant.

Une autre méthode pour comparer les intensités magnétiques consiste à compter les nombres d'oscillations qu'une aiguille aimantée accomplit dans un temps donné lorsqu'elle se trouve vis-à-vis d'un autre aimant, placé successivement à diverses distances. Les oscillations s'accélèrent lorsqu'on rapproche l'aimant, elles se ralentissent lorsqu'on l'éloigne ; le nombre d'oscillations, par minute, diminue donc à mesure que la distance augmente. Or la théorie démontre qu'il y a un rapport simple entre l'intensité de la force magnétique qui produit les oscillations horizontales de l'aiguille (comme la pesanteur produit les oscillations verticales d'un pendule) et le carré du nombre d'oscillations accomplies dans un temps donné. On peut ainsi, des nombres d'oscillations observés à diverses distances, conclure les intensités, et s'assurer de nouveau que ces intensités sont en raison inverse du carré des distances.

Il faut dire cependant que la loi des attractions magnétiques ne s'est point révélée aussi simple du premier coup aux physiciens qui l'ont cherchée. Hauksbee, en observant les déviations d'une aiguille aimantée produites par un aimant qu'il en approchait à des distances variables, n'avait obtenu que des résultats compliqués où il était impossible d'apercevoir une loi régulière. Le docteur Brook Taylor, chargé par la Société royale de Londres de répéter ces expériences, ne fut pas plus heureux que son devancier. Whiston, qui s'y appliqua à son tour, obtint une série d'observations où le carré inverse des distances jouait déjà un certain rôle, mais l'incertitude de ces résultats était encore telle que Newton lui-même se contente de dire: « La force magnétique décroît en raison non pas du carré, mais plutôt du cube de la distance, autant que j'ai pu en juger d'après quelques déterminations assez grossières. « Cet énoncé est d'ailleurs exact lorsqu'il s'agit des déviations produites par l'action simultanée des deux pôles d'un aimant sur les deux pôles de l'aiguille, à des distances un peu considérables.

Vingt ans plus tard, un laborieux expérimentateur hollandais, Pierre de Musschenbroek, eut recours à la méthode déjà proposée par Hooke, qui consiste à suspendre au fléau d'une balance un cylindre de fer au-dessus du pôle d'un aimant, et à mesurer l'attraction à diverses distances par les tares qu'il faut ajouter aux poids placés dans le plateau de la balance. Musschenbroek trouva que l'attraction diminuait tantôt simplement en raison inverse de la distance, tantôt suivant une proportion intermédiaire entre celle-ci et la loi du carré; mais il n'arriva point à formuler une loi générale.

Ce n'est que vers 1760 que Tobie Mayer, dans un travail resté inédit et dont il fit à peine connaître les conclusions, démontra la véritable loi des attractions magnétiques. Lambert, en 1765, reprit ces recherches, établit la théorie mathématique de ces attractions, et fit voir comment la présence de deux pôles contraires complique toujours les actions magnétiques accessibles à l'observation directe. Il imagina des méthodes propres à éliminer ces complications. Depuis cette époque, la loi du carré des distances était donc connue ; néanmoins elle a été encore plus d'une fois révoquée en doute, notamment par Æpinus. Musschenbroek, par ses nombreuses expériences entreprises sans discernement, n'avait fait que retarder de trente ans la recherche d'une loi simple de l'action des aimants.

Les anciens physiciens, qui voyaient dans le magnétisme quelque chose de matériel, un élément qui faisait partie de la substance de l'aimant, multiplièrent les expériences dans l'idée qu'ils pourraient chasser ou peut-être même, qui sait? extraire la matière magnétique de l'aimant par le feu ou par les acides. On arriva ainsi à beaucoup de résultats contradictoires, parce que les expériences étaient faites sans un plan méthodique. Gilbert reconnut le premier qu'un barreau aimanté perd sa force lorsqu'on le chauffe jusqu'au rouge blanc. On peut faire l'expérience d'une manière fort simple en introduisant une pointe de cuivre dans la mèche d'une lampe à alcool et en posant sur cette pointe une petite aiguille aimantée. La lampe étant allumée, l'aiguille plongée dans la flamme ne tarde pas à rougir. Tant qu'elle n'est encore que rouge bleuâtre, elle est attirée ou repoussée par les pôles d'un aimant, mais cet effet cesse dès qu'elle passe au rouge blanc. On laisse encore quelque temps l'aiguille dans la flamme, puis on éteint la lampe; l'aiguille se refroidit lentement, et en se refroidissant reprend quelques traces d'aimantation, si elle n'a pas été dirigée perpendiculairement au méridien magnétique.

Un barreau aimanté, chauffé au rouge blanc, n'attire plus le fer, aimanté ou non, et reste insensible lui-même à l'action d'un aimant. De même, une barre de fer doux, chauffée au blanc, n'a plus d'action sur l'aiguille aimantée et n'est plus influencée par un aimant; mais au rouge sombre l'action est plus forte qu'à froid, comme l'ont démontré les nombreuses expériences de Barlow. L'acier aussi devient éminemment sensible à l'influence magnétique, à la température du rouge sombre, où la force coercitive semble pour ainsi dire suspendue; en se refroidissant, il garde ensuite le magnétisme qu'il a pris dans cet état.

Robison et Æpinus ont su tirer parti de cette influence de la chaleur pour accroître la force d'un aimant. Après avoir porté un barreau à la température rouge, ils le plaçaient entre les pôles de deux forts aimants et le laissaient refroidir dans cette position; l'aimantation ainsi obtenue persistait ensuite. Un barreau porté au rouge, puis trempé dans la position verticale, s'aimante aussi par l'influence terrestre, comme l'avait déjà constaté un contemporain de Newton, le docteur Hooke.

Une chaleur modérée diminue la force magnétique d'un aimant, et cette diminution devient permanente, si l'action de la chaleur a duré longtemps. Coulomb,

Kupffer, Dufour, ont fait beaucoup de recherches sur ce sujet. D'après Dufour, l'aimant s'affaiblit toujours lorsque la température s'élève au-dessus et même lorsqu'elle descend au-dessous de celle où s'est faite l'aimantation.

Après les ingénieuses recherches de Coulomb, exécutées aux environs de 1785, il y eut comme un temps d'arrêt dans l'évolution de cette branche de la physique. On se contenta, pendant près de trente ans, de reproduire un certain nombre d'expériences et de considérations théoriques qui, dans les traités, composaient le chapitre un peu sommaire « du magnétisme. » Enfin, en 1812, l'annonce d'une découverte nouvelle émut le monde savant: un physicien de Rome, le professeur Domenico Morichini, crut avoir constaté que les rayons violets du spectre solaire communiquaient aux aiguilles d'acier des traces de polarité. Un collègue de Morichini avait même réussi, disait-on, à aimanter les aiguilles par la double touche en promenant sur elles, à partir du centre, l'image des rayons violets concentrés par un miroir ardent.

Des aiguilles ainsi préparées furent envoyées à diverses académies et sociétés savantes. On s'empressa de répéter l'expérience, mais sans succès. Volta fit remarquer que probablement M. Morichini avait été induit en erreur par l'influence du magnétisme terrestre; le physicien de Rome répondit qu'il s'était entouré de toutes les précautions désirables à cet égard. Alors un savant de bonne école, Configliachi, de Pavie, entreprit une série d'expériences avec des aiguilles d'acier qu'il laissa pendant quatre mois dans une chambre obscure, montées sur des pivots et abandonnées à elles-mêmes; il se trouva que la plupart se dirigeaient peu à peu dans le méridien magnétique par la simple influence de l'aimant terrestre. On procéda ensuite à l'étude de l'influence des rayons solaires. En les concentrant sur des aiguilles placées dans la direction du méridien, on vit ces aiguilles s'aimanter; mais on obtenait le même résultat en les chauffant dans l'obscurité. Nous savons en effet que la chaleur rend le fer et l'acier plus sensibles aux actions d'influence. Enfin les rayons violets ne produisaient aucun résultat quand les aiguilles étaient placées de manière à paralyser l'action terrestre. Il fut donc prouvé que l'influence du globe, aidée par la chaleur, avait été la vraie cause des phénomènes observés à Rome.

Néanmoins Morichini et ses amis ne se tinrent pas pour battus. Forts du témoignage d'Humphry Davy et d'un autre physicien anglais, Playfair, qui avaient assisté à quelques-unes de leurs expériences, ils continuèrent de proclamer le pouvoir magnétique de la lumière solaire. En 1825, lady Sommerville vint à la rescousse avec des expériences qu'elle faisait sur des aiguilles à coudre exposées à la lumière violette, bleue ou verte, et quatre ans plus tard, M. Zantedeschi vint à son tour prêter son appui à la théorie décriée. Il fallut les recherches étendues et très minutieuses de deux physiciens renommés, Riess et Moser, pour vider définitivement la question et pour démontrer que la prétendue influence de la lumière n'était qu'une illusion comme toutes celles auxquelles s'exposent des observateurs superficiels. C'est du moins ce qu'admet aujourd'hui la généralité des physiciens bien que de temps en temps la doctrine mal enterrée de l'influence solaire vienne encore troubler le repos des amateurs qui ont des loisirs, un prisme et quelques aiguilles à leur disposition.

II

LE MAGNÉTISME TERRESTRE

CHAPITRE PREMIER

PHÉNOMÈNES GÉNÉRAUX. — DIRECTION DE L'AIGUILLE

Le jour où l'on reconnut que l'étincelle de Leyde n'était qu'une réduction portative de la foudre, la science de l'électricité quitta l'étroit cabinet du physicien pour se transporter sur le vaste théâtre de la terre. C'est ainsi également que la tendance constante de l'aiguille aimantée vers les pôles terrestres révéla à la science du magnétisme un vaste domaine et en fit une des branches les plus importantes de la physique du globe, peut-être même de la physique de l'univers, but final et grandiose champ de rencontre de toutes les sciences d'observation.

Une aiguille aimantée mobile sur un pivot prend spontanément la direction nord et sud. Lorsqu'elle est suspendue à un fil par son centre de gravité, de manière qu'elle puisse se mouvoir librement en tous sens, elle s'incline en outre sur l'horizon ; dans l'hémisphère boréal, c'est le pôle nord qui plonge, et le pôle sud qui se relève (fig. 10). La terre exerce donc sur l'aiguille libre une action directrice.

Les forces motrices qui produisent cette action sont appliquées aux deux pôles de l'aiguille, et, comme elles sont égales, parallèles et de sens contraires, il n'en résulte qu'une rotation de l'aiguille autour de son point d'appui. Le magnétisme terrestre n'agit point à la façon de la pesanteur, qui produit le poids des corps, c'est-à-dire une traction dans le sens vertical que l'on peut se figurer appliquée au centre de gravité ; il ne communique pas au fer un *poids* dans le sens vertical, ni dans le sens horizontal.

On peut prouver de diverses manières que la force magnétique du globe ne saurait imprimer aux aimants un mouvement de translation quelconque.

Pour montrer d'abord que l'aimant n'a aucune tendance à se transporter dans une direction horizontale, on dépose une aiguille aimantée sur un flotteur, et l'on constate qu'elle tourne sur elle-même sans que le flotteur change de place. Pour montrer ensuite que la force terrestre ne tend pas non plus à produire un mouvement vertical du centre de gravité de l'aimant, on suspend un barreau d'acier au fléau d'une balance, on l'équilibre par des poids, puis on l'aimante, et l'on constate que l'aimantation du barreau ne dérange pas la balance. Le magnétisme n'ajoute donc rien au poids du barreau ; les deux forces contraires qui sollicitent les deux pôles sont égales, et leurs effets se détruisent, appliqués au centre de gravité de l'aimant.

Ces remarques restent encore vraies par rapport à l'action que peut exercer sur un aimant un seul des deux pôles de la terre : il ne saurait en résulter aucun mouvement de translation. C'est pour cette raison que les expériences tentées par Bouguer pour reconnaître si l'intensité des deux pôles terrestres était la même, ne pouvaient conduire à aucune solution de ce problème. Lors de son voyage au Pérou, en 1736, il profita d'un séjour à Quito, station située sous l'équateur, pour exposer une aiguille librement mobile à l'attraction des deux pôles, également éloignés. L'aiguille était montée sur un pivot fixé à l'extrémité d'une règle de laiton mobile elle-même autour de son centre; elle se plaçait dans le méridien, mais la règle ne bougeait pas. Dès que l'aiguille était liée à la règle par un fil, elle l'entraînait dans le méridien. Bouguer en conclut que l'attraction exercée par le pôle boréal de la terre était exactement égale à celle du pôle austral. Il tira la même conclusion d'une autre expérience où il vit un long fil qui supportait un aimant rester toujours rigoureusement vertical, bien que l'appareil employé par Bouguer lui permît de constater une déviation de 5 secondes, correspondant à une force horizontale équivalente à un quarante-millième du poids de l'aimant. Ces expériences, tout en prouvant une fois de plus que les aimants ne sont sollicités par aucune force de traction appliquée à leur centre de gravité, — qu'ils n'ont d'autre poids que celui qui résulte de la pesanteur, — ces expériences ne peuvent rien nous apprendre sur la force relative des deux pôles terrestres.

Le plan vertical dans lequel se place l'aiguille d'une boussole s'appelle le *méridien magnétique* du lieu. Il ne coïncide pas exactement avec le méridien astronomique : les pôles de l'aigulile, au lieu de pointer exactement vers le nord et le sud, s'écartent en général plus ou moins de cette direction, et l'angle qui mesure cet écart s'appelle la *déclinaison*. On dit que la déclinaison est *orientale* ou *occidentale*, selon que le pôle nord de l'aiguille dévie à droite ou à gauche, c'est-à-dire à l'est ou à l'ouest du nord vrai. L'angle que l'aiguille libre forme avec l'horizon du lieu s'appelle *l'inclinaison*.

La déclinaison, comme l'inclinaison, varie d'un lieu à l'autre, et change avec le temps. Il en est de même de l'intensité de la force qui donne à l'aiguille sa direction. La recherche de toutes ces variations constitue la branche de la physique du globe qui a pour objet le *magnétisme terrestre*.

D'après les lois connues de la statique, la force qui agit à l'un ou à l'autre des deux pôles de l'aimant peut toujours être considérée comme la *résultante* d'une composante verticale et d'une composante horizontale; c'est la première qui produit l'inclinaison, et la seconde qui amène l'aiguille dans le méridien magnétique. La force totale peut dès lors se déduire géométriquement de la force verticale et de la force horizontale, — ou même d'une seule de ces deux composantes, si l'on connaît l'inclinaison; elle est la diagonale du rectangle dont la force horizontale et la force verticale forment les côtés. Réciproquement l'inclinaison se déduit immédiatement du rapport de la force verticale et de la force horizontale, qui a la direction du méridien magnétique, si l'on parvient à mesurer ces deux forces séparément.

Dans beaucoup de cas, il importe de soustraire l'aiguille aimantée à l'action de l'une ou de l'autre de ces composantes, ou même de suspendre complètement l'influence que le globe exerce sur elle. On y parvient soit en lui donnant des axes de rotation rigides, soit en neutralisant l'influence terrestre par des forces opposées.

Lorsqu'on oblige l'aiguille à se mouvoir dans un plan perpendiculaire à la direction de la force terrestre (autour d'un axe parallèle à l'aiguille d'inclinaison), cette force n'a plus de prise sur elle, puisque la résistance de l'axe empêche l'aiguille d'y céder. Dans cette situation, l'aiguille devient indifférente au magnétisme terrestre : on a ce qu'on appelle une *aiguille astatique*. C'est là le principe d'un appareil imaginé par Ampère.

Lorsqu'une aiguille ne peut se mouvoir qu'autour d'un axe vertical rigide, elle n'obéit plus qu'à la force horizontale, la force verticale étant détruite par la résistance de l'axe, qui empêche l'aiguille de s'incliner.

Il en est autrement quand l'aiguille est mobile sur un pivot ou suspendue à un fil, comme c'est le cas ordinaire; dans ce cas, pour la maintenir horizontale et l'empêcher de plonger, il faut lester l'extrémité sud d'un contrepoids. C'est ainsi qu'on règle l'horizontalité des aiguilles des boussoles. La force verticale du globe se trouve ici neutralisée par la pesanteur. On peut ensuite détruire l'action de la force horizontale en plaçant dans le méridien magnétique, à une distance convenable, un fort aimant dont le pôle le plus rapproché exerce sur l'aiguille une action diamétralement opposée. C'est un autre moyen de se procurer une aiguille astatique.

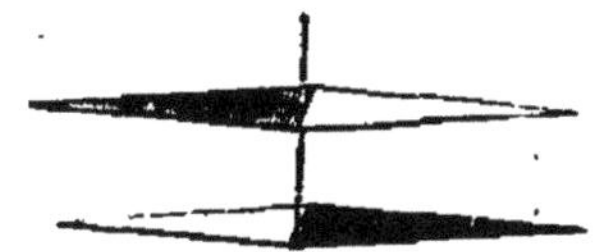

Fig. 31. — Aiguilles astatiques.

Un troisième moyen d'arriver au même but, c'est d'accoupler deux aiguilles semblables, parallèles et tournées en sens contraires (fig. 31). L'action du globe sur les deux aiguilles rendues solidaires se trouve ainsi annulée dans toutes les positions qu'elles peuvent prendre. C'est le *système astatique* de Nobili.

Pour que l'action de la composante horizontale du magnétisme terrestre sur l'aiguille aimantée soit détruite par un axe rigide, il faut que cet axe soit parallèle à la direction de cette force, c'est-à-dire horizontal et *parallèle au méridien.* L'aiguille d'inclinaison a déjà un axe horizontal ; en donnant à cet axe la direction nord-sud, de manière que l'aiguille ne puisse tourner que dans un plan vertical perpendiculaire au méridien, on la soustrait à l'action de la force horizontale du globe, qui se trouve maintenant parallèle à l'axe de rotation. L'aiguille dès lors n'obéit plus qu'à la force verticale, et se tient toute droite. On a là un moyen de trouver par tâtonnement le plan perpendiculaire au méridien, et par suite la direction du méridien même.

CHAPITRE II

LA DÉCLINAISON. — LE COMPAS DE ROUTE

La déclinaison de l'aiguille aimantée se trouve déjà marquée, paraît-il, sur les cartes marines d'Andrea Bianco (1436) et sur d'autres cartes du commencement du quinzième siècle. Il faut pourtant supposer que la connaissance de ce fait ne s'était pas encore généralisée vers la fin du siècle, car Christophe Colomb fut très surpris lorsqu'il constata, le 13 septembre 1492, que l'aiguille de sa boussole, au lieu de pointer vers l'étoile polaire, s'en écartait vers la gauche d'environ 6 degrés. On était alors à deux cents lieues à l'ouest de l'île de Fer. Le lendemain, après avoir toujours navigué dans la même direction, il trouva que la déviation avait encore augmenté. Ses matelots en furent effrayés : « les lois de la nature étaient bouleversées, la boussole allait perdre son pouvoir mystérieux. » Colomb dut rassurer ses hommes en leur disant que l'aiguille tournait autour du pôle comme les astres du firmament.

Parmi les premiers observateurs qui ont constaté la déclinaison en Europe, il faut citer George Hartmann, auteur de divers ouvrages de géométrie et d'astrologie, qui, après avoir voyagé en Italie, vint en 1518 se fixer à Nuremberg, où il fut nommé vicaire de l'église de Saint-Sebald. Dans une lettre datée de 1544, qui a été conservée, il dit avoir observé la déclinaison à Rome et à Nuremberg, à des époques qu'il ne précise pas ; il l'a toujours trouvée orientale, et de 6 degrés à Rome, de 10 degrés à Nuremberg[1]. Dans la même lettre, Hartmann rapporte qu'il a vu une aiguille horizontale s'incliner sur l'horizon après avoir été aimantée ; seulement l'inclinaison observée par lui est évidemment trop faible, sans doute parce que son aiguille n'était pas entièrement libre.

L'inclinaison, bien que déjà observée par Hartmann, comme il vient d'être dit, ne fut véritablement découverte, c'est-à-dire comprise et signalée comme une propriété de l'aiguille aimantée, qu'en 1576, par Robert Norman, fabricant d'instruments de marine à Ratcliff.

Ayant remarqué que le contre-poids, — un peu de cire, — par lequel il avait réglé l'horizontalité de l'aiguille d'une boussole, avait besoin d'être changé lorsqu'on la transportait d'un lieu à un autre, il finit par constater d'une manière indubitable qu'une aiguille d'acier, d'abord parfaitement équilibrée, s'inclinait sur l'horizon dès qu'elle était aimantée. Il me

[1] Ce n'est qu'en 1762 que la déclinaison a été ensuite mesurée de nouveau à Rome, par le P. Asclepi, de la compagnie de Jésus.

sura cette inclinaison à Londres, et la trouva égale à 71° 50′. L'appareil dont il se servit à cet effet a été décrit par lui dans un ouvrage spécial.

Les premières déterminations un peu exactes de la déclinaison furent faites, à Paris en 1541, à Londres en 1580. C'est seulement vers 1550 que la « variation du compas » commence à figurer dans les traités de navigation comme un fait avéré. Pedro de Medina, dans son *Arte de navegar*, imprimé à Valladolid en 1545, en parle encore comme d'une erreur due à l'imperfection de la méthode d'observation; dix ans plus tard, Martin Cortez, dans un traité de navigation imprimé à Séville, mentionne la variation comme un fait généralement constaté par l'expérience.

Lorsqu'il fut avéré que l'aiguille aimantée ne pointait pas exactement vers le nord, que la déclinaison n'était point la même partout et qu'elle changeait d'année en année, il fallut en rabattre des illusions qu'on s'était faites sur la miraculeuse vertu de cet instrument. Mais la confiance que la boussole avait inspirée aux premiers navigateurs qui en firent usage avait porté ses fruits. « Il faut voir, dit l'amiral Jurien, sur quel ton les navigateurs en possession de cette invention féconde le prirent dès le début avec les routiniers qui continuaient à en négliger l'usage! « Que me fait, disait en 1433 le célèbre prince Henri de Portugal à ses capitaines hésitants, l'opinion des pilotes flamands dont les scrupules vous arrêtent! Est-ce que les marins du nord savent se servir de la calamite et des cartes marines? »

On connaît aujourd'hui d'une manière suffisamment

exacte les variations que présente la déclinaison lorsqu'on se transporte d'un lieu à l'autre du globe, et les changements qu'elle subit avec le temps. On sait que dans certaines régions elle est nulle, que dans les contrées polaires elle peut devenir si forte que l'aiguille se retourne bout pour bout. A Paris, la déclinaison était nulle vers 1663; avant cette époque, elle était orientale ; depuis cette époque elle est occidentale, et elle atteint aujourd'hui 17 degrés $\frac{1}{2}$.

Nous décrirons plus loin les diverses méthodes qu'on emploie pour déterminer la déclinaison d'une manière précise. Pour constater cette déviation et en obtenir une valeur approchée, il suffit d'évaluer en degrés l'angle que l'aiguille d'une boussole de poche forme à midi vrai avec une méridienne marquée par l'ombre d'un fil à plomb.

La boussole, sous sa forme la plus simple, est une boîte plate au centre de laquelle s'élève un pivot qui porte une aiguille montée sur une chape de cuivre ou d'agate. Tout autour règnent une rose des vents et une division en degrés dont le zéro est à l'extrémité d'un diamètre tracé sur le fond de la boîte qu'on appelle la *ligne de foi*. Le pôle nord de l'aiguille est marqué d'un signe particulier (souvent on le termine en pointe de flèche). Quand la ligne de foi coïncide avec le méridien astronomique, la division où affleure la pointe de l'aiguille indique la déclinaison.

En supposant la déclinaison connue, il est clair qu'il suffira d'amener sous le pôle nord de l'aiguille le degré correspondant pour que la ligne de foi tombe dans le méridien astronomique du lieu. La boussole est alors *orientée;* la rose des vents se trouve placée dans sa vraie situation par rapport aux quatre points cardinaux. Dès lors la boussole peut servir à déterminer l'*azimuth* d'un objet quelconque, c'est-à-dire sa distance angulaire au méridien; elle peut faire con-

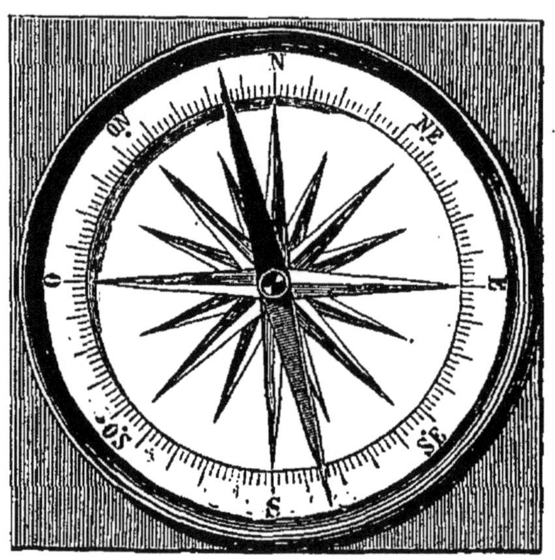

Fig. 32. — Boussole portative.

naître la vraie direction de la route qu'on suit sur terre ou sur mer; elle devient, comme l'affirmait un peu prématurément le Pèlerin de Maricourt, l'instrument « par lequel tu pourras diriger tes pas vers les cités et les îles, *ad civitates et insulas, et loca mundi quæcumque* ».

Toutes les directions, tous les *gisements* qu'on relève sur une carte ou sur le terrain se rapportent au méridien, à la direction nord et sud. Cette direction, qui sert de repère, peut être trouvée pour un lieu donné, sur terre ou sur mer, par des observations astronomiques de bien des manières. On peut d'abord l'obtenir en visant l'étoile polaire, la *tramontane*, ce phare planté tout exprès à côté du pôle céleste pour guider les navires pendant la nuit. Les Phéniciens le découvrirent les premiers, et cette découverte leur donna, pendant plus de deux cents ans, le monopole du commerce maritime. L'étoile polaire, à la vérité, n'est pas absolument immobile, elle tourne, elle aussi, autour du pôle; mais il est facile de tenir compte du léger écart qui la sépare généralement du méridien, et elle le traverse deux fois chaque jour.

On peut ensuite, pour s'orienter, viser le soleil au moment où il se lève ou se couche à l'horizon. Les tables nautiques donnent à cet effet, pour tous les jours de l'année et pour toutes les latitudes, les *amplitudes* du soleil, c'est-à-dire ses distances au véritable point de l'est ou de l'ouest. Aux époques des équinoxes, en mars et en septembre, le soleil se lève partout à l'est vrai et se couche à l'ouest vrai; ses rayons nous arrivent alors suivant une ligne exactement perpendiculaire au méridien. Ce genre d'observations est plus utile sur mer qu'à terre, où l'horizon forme rarement une ligne unie et bien tranchée, excepté quand on voyage dans la steppe ou le désert. Ajoutons qu'on peut utiliser de la même manière le lever et le coucher de la lune ou d'une étoile connue quelconque.

On peut enfin déterminer la direction du méridien en prenant la hauteur du soleil ou d'un astre quelconque en même temps qu'on en relève le gisement, ou bien en notant l'heure vraie du passage de l'astre sous le fil d'une lunette immobile. La hauteur, ou l'heure vraie du passage, permet de calculer l'azimuth de l'astre, et en comparant cet azimuth calculé au gisement observé, on sait où chercher le nord et le midi vrais.

Ces observations se font à l'aide de lunettes montées sur des cercles gradués, ou simplement avec une règle à pinnules quand on ne vise pas à une grande précision. Les moyens de trouver le méridien sont, on le voit, très variés. L'immense avantage de la boussole, c'est qu'elle représente un méridien *portatif*.

Il est vrai que, dans le cas où la déclinaison n'est pas connue, il faut, pour la déterminer, commencer par chercher le méridien par l'un des moyens déjà énumérés. C'est ainsi qu'il faut d'abord chercher l'heure vraie par une observation spéciale lorsqu'on ne connaît pas l'*état* du chronomètre dont on veut se servir. Mais le chronomètre une fois réglé et la boussole une fois orientée gardent ensuite le temps et la direction du méridien.

Les géologues se servent de boussoles de poche, de la dimension d'une grosse montre, pour reconnaître le gisement des chaînes de montagnes, des collines et des vallées. Dans les mines, elle sert à trouver la direction des filons. Les voyageurs qui parcourent une contrée inconnue emploient la boussole à marquer sur leur carnet la direction de la route suivie, et des *tours d'horizon* comprenant les gisements des points remarquables, — sommets de montagnes, précipices, cimes de grands arbres, villages ou édifices isolés, etc., — qui se montrent à l'horizon, et qui peuvent servir à dresser une carte du pays.

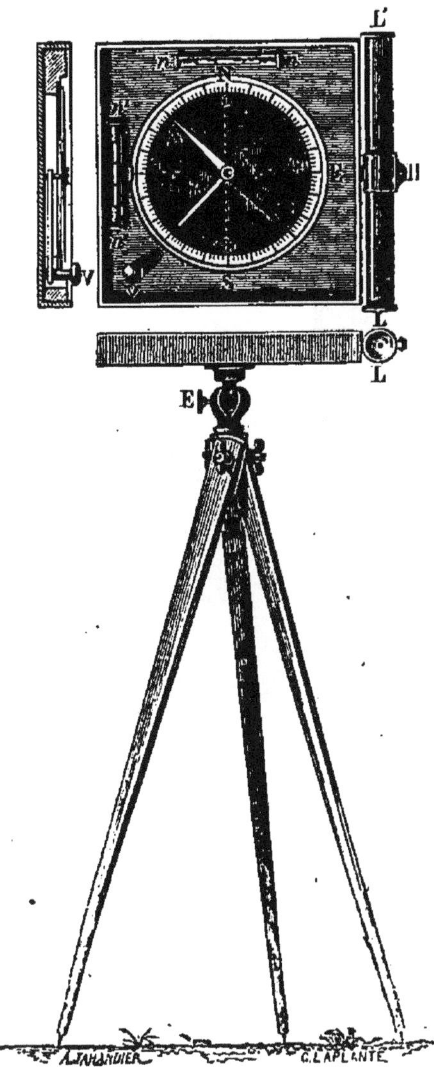

Fig. 33. — Boussole d'arpenteur.

La *boussole d'arpenteur* (fig. 33) est enchâssée dans une boîte carrée qui se monte sur une genouillère E posée sur un trépied, et que l'on rend horizontale à l'aide de deux niveaux à bulle d'air *nn*, *n'n'*. La ligne de foi est parallèle à l'un des côtés de la boîte, auquel est fixée une petite lunette LL' ou simplement une alidade à pinnules, qui sert à viser les objets dont on veut relever le gisement.

La boussole marine ou *compas de route* (fig. 34) se distingue de la boussole terrestre par une série de dispositions appropriées à l'usage auquel on la destine. D'abord la rose des vents est tracée sur un disque mobile que l'aiguille dirige et entraîne avec elle. Généralement, c'est un disque de mica doublé de papier, qui porte, en dehors de la rose des vents, une division en 360 degrés. Les 32 rhumbs, quarts ou aires de vent s'obtiennent en subdivisant les quarts de cercle compris entre les quatre points cardinaux en

Fig. 34. — Compas de route.

huit parties égales, valant chacune 11 degrés $\frac{1}{4}$. En allant du nord au sud par l'est, on rencontre les aires suivants :

N.
N. $\frac{1}{4}$ N. E.
N. N. E.
N. E. $\frac{1}{4}$ N.
N. E., etc.

L'aiguille étant fixée sous la ligne N. S. de la rose,

qui correspond au zéro de la graduation, les directions indiquées par la boussole se rapportent toutes au méridien magnétique, et ont besoin d'être corrigées de la « variation du compas », c'est-à-dire de la déclinaison.

L'aiguille pivote dans une cuve cylindrique de cuivre en dedans de laquelle est tracée la ligne de foi, parallèle à la quille du vaisseau. En observant la division vis-à-vis de laquelle se trouve la ligne de foi, on connaît la direction de la route que l'on suit; quand la ligne de foi coïncide parfaitement avec le point N. N. E. de la rose, le navire a le cap au N. N. E. (il gouverne au N. N. E.); son *angle de route* est N. 22° $\frac{1}{2}$ E.

La boussole est installée sur le pont, un peu en avant de la roue du gouvernail, et le timonier ne perd pas des yeux la ligne de foi, afin de maintenir le bâtiment au cap prescrit. La feuille de mica rend la rose transparente, ce qui permet de l'éclairer la nuit au moyen d'un fanal dont la lumière passe à travers le fond de la cuvette, formé d'une lame de verre dépoli. Ce fanal, que l'on fixe à l'aide de coulisses, se voit dans la fig. 34 à côté du compas.

Une condition essentielle que doit remplir la boussole marine, c'est de rester toujours horizontale malgré le tangage et le roulis du vaisseau. A cet effet, la cuvette est lestée par une masse de plomb et suspendue à la Cardan. Le mode de suspension inventé par Cardan consiste dans une combinaison de deux axes de rotation perpendiculaires l'un à l'autre, et dont l'un reste constamment horizontal tandis que l'autre tourne autour de lui. La cuvette est donc soutenue par deux tourillons dans un anneau, suspendu lui-même par deux tourillons placés en croix avec les premiers, dans

Fig. 35. — Compas d'habitacle.

la boîte qui prend le nom d'*habitacle* et qui est fixée au pont. Il en résulte que la boussole est en balance sous un axe qui reste horizontal parce que l'anneau qui le porte peut tourner autour de lui avec les deux tourillons qui le relient à l'habitacle, et autour desquels on peut se figurer que l'habitacle tourne lui-même avec le navire. La boussole représente ainsi un plan immobile au milieu des mouvements tumultueux du navire, et l'aiguille aimantée, dans ce plan, représente la direction immobile du méridien.

A bord des bâtiments de guerre, il y a deux habitacles, à droite et à gauche de la roue et un peu en avant (fig. 35).

Dans les navires à hélice, la trépidation est si forte à l'arrière que ce mode de suspension ne suffit pas à garantir l'aiguille de toute agitation. On y remédie en la soutenant par un flotteur posé sur un liquide. On emploie à cet effet la glycérine, qui offre l'avantage de résister également à la congélation et à l'évaporation.

La forme des compas employés par les diverses nations a beaucoup varié, sans cependant que ces variations représentent un progrès rationnel. Encore en 1820, le professeur Barlow, chargé par l'amirauté anglaise de faire un rapport sur l'état des compas de la marine royale, déclare que la moitié au moins des boussoles en usage à bord des navires méritent d'être mises au rebut. Le capitaine Flinders affirme que les compas de route de la marine anglaise sont les instruments les plus mal construits de tous ceux qu'on emploie à la mer. Ce n'est que depuis moins de cinquante ans qu'on a songé à les perfectionner sérieusement.

Le docteur Knight, vers 1750, réussit à fabriquer,

à l'aide de son nouveau procédé d'aimantation, des aiguilles qui surpassaient de beaucoup en force directrice celles qu'on avait eues jusqu'alors. Les boussoles des navires marchands avaient à cette époque des aiguilles en forme de losange, formées de deux pièces d'acier assemblées par les bouts (fig. 36, n° 1).

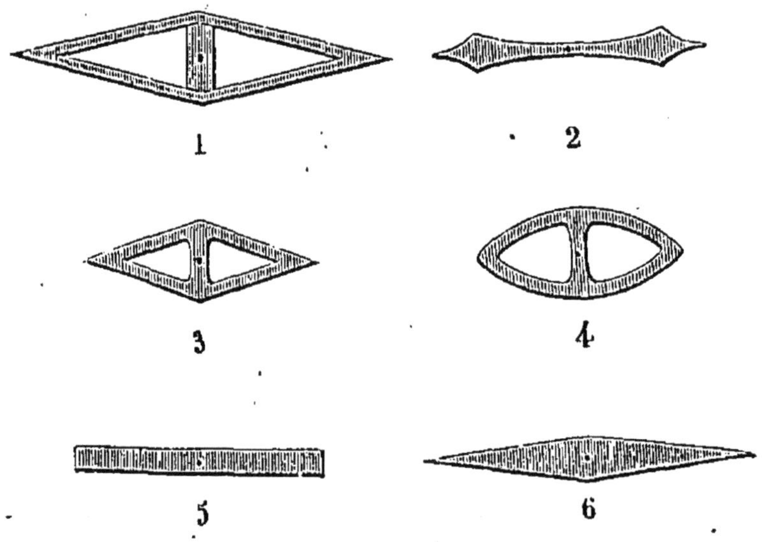

Fig. 36. — Formes des aiguilles.

Ayant examiné une vingtaine de ces aiguilles, Knight trouva qu'aucune n'indiquait exactement le méridien, et que la force directrice était en général très faible. Les vaisseaux de la marine avaient des aiguilles faites d'une seule pièce, plus larges vers les extrémités que vers le centre (n° 2), et pointues aux deux bouts. Cette forme n'est pas avantageuse non plus ; Knight s'assura que les aiguilles avaient souvent des points conséquents, — six pôles au lieu de deux, — qui les affaiblissaient. En définitive, il trouva qu'une lame rectangulaire, placée de champ, répondait le mieux à toutes les exigences.

En 1821, le capitaine Kater reprit ce sujet; ses expériences le conduisirent à cette conclusion, que la meilleure forme à donner aux aiguilles était celle d'un losange évidé (n° 3). Selon lui, cette forme procure une force directrice plus grande que celle que donne le losange plein, l'ellipse pleine ou l'ellipse évidée (n° 4). Plus récemment, les recherches très étendues de Lamont paraissent avoir démontré que les aiguilles étroites et minces présentent plus d'avantages que les aiguilles larges et épaisses. D'après M. Lamont, la meilleure forme serait celle d'une lame étroite, rectangulaire ou taillée en losange (n°s 5, 6); on peut d'ailleurs avec avantage former un système de plusieurs lames parallèles, rendues solidaires. Musschenbroek a fait des expériences avec des disques circulaires, Vassali avec des disques elliptiques. Tout récemment, M. Duchemin a proposé de substituer à l'aiguille un cercle d'acier trempé.

Dès 1873, M. Duchemin soumit sa nouvelle boussole à l'Académie des sciences et au Ministère de la marine, qui ordonna des essais pratiques à bord de l'aviso-école *le Faon* et de la frégate cuirassée *la Savoie,* en permettant à l'inventeur de suivre personnellement une partie des études, dirigées par des officiers de la marine française. Pour les expériences qui furent faites en 1874, à bord du *Faon*, on prit comme termes de comparaison une boussole ordinaire de la marine dont l'aiguille, préalablement aimantée à saturation, avait 20 centimètres de longueur, et un cercle aimanté de même diamètre extérieur. Les deux boussoles furent expérimentées dans les mêmes conditions de pivot et de chape d'agate. Le rapport constate « que la sensibilité de la boussole circulaire est supérieure à celle de l'aiguille. Écarté du méridien magné

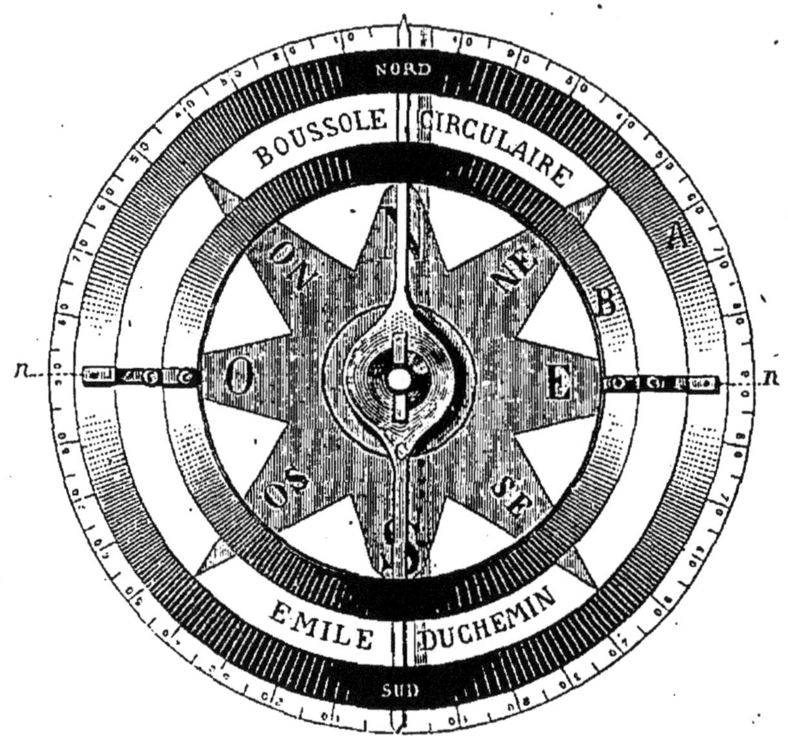

Fig. 37. — Boussole circulaire.

tique, le cercle y revient plus vite que l'aiguille, quoique le frottement soit plus grand pour le cercle, puisque tout le système pèse 141 grammes alors que la rose ordinaire n'en pèse que 62. »

Le même rapport affirme que le cercle aimanté concentrique B (fig. 37) que M. Duchemin ajoute au cercle principal A, auquel il est réuni par une traverse en aluminium, augmente encore la force directrice et la sensibilité de la nouvelle boussole; en outre il contribue à diminuer la durée des oscillations autour de la position d'équilibre, oscillations qui sont bien moindres pour la boussole circulaire que pour la boussole à aiguille, à cause de la forme symétrique de la première. C'est pour obtenir cette symétrie que certains constructeurs ajoutent à l'aiguille un cercle de laiton étamé, qui augmente la stabilité aux dépens de la force directrice. Dans la boussole circulaire, les deux conditions sont au contraire remplies par le même moyen. « Évidemment, dit le rapport, ainsi que la boussole à aiguille, la boussole circulaire oscille au roulis; mais ces oscillations sont lentes et ne sauraient se comparer à celles d'une rose ordinaire. Le bâtiment ayant des roulis excessifs par une grosse mer, les timoniers prennent leur relèvement sans que la rose ait aucun mouvement gênant de lancé. En eau calme, le compas liquide dort d'une façon ennuyeuse, tandis que la rose circulaire a une stabilité mécanique à peu près égale à celle du compas liquide, et une sensibilité très supérieure. »

Les expériences faites plus tard à bord de la *Savoie*, sur les côtes d'Afrique, ont également donné de bons résultats en faisant ressortir la sensibilité remarquable de la nouvelle boussole. Le rapport adressé à cette occasion au ministre de la marine demande l'application du cercle aimanté au compas à liquide, dont on corrigerait ainsi la paresse.

La force directrice considérable de la nouvelle boussole a encore l'avantage, signalé par les rapports, de diminuer l'influence des causes extérieures qui produisent les déviations locales. On a eu la singulière idée de vouloir *corriger* ces erreurs par un cercle concentrique mobile. Il était évident *a priori* qu'au lieu d'une correction variable avec le cap du navire, on ne pouvait ainsi obtenir qu'un déplacement constant de l'axe magnétique de l'instrument; aussi a-t-on bientôt renoncé à ces tâtonnements.

Dans les boussoles de M. Duchemin, le cercle d'acier est supporté par une traverse d'aluminium ou bien par un barreau d'acier aimanté. On a pensé que ce barreau aimanté transversal, dont les pôles coïncident avec ceux du cercle, pourrait accroître la fixité de l'axe magnétique de la boussole; mais ce raisonnement est peut-être plus spécieux que fondé. Au demeurant, M. Duchemin a établi au-dessus de la chape de suspension une petite aiguille à pôles renversés qui suit fidèlement la direction de l'axe magnétique du cercle d'acier, et qui accuserait immédiatement le déplacement de cet axe, s'il cessait de coïncider avec le diamètre qui passe par les points nord et sud marqués sur la rose.

Depuis quelques années, la boussole circulaire de M. Duchemin est réglementaire sur les navires de l'État, et les marines étrangères ne tarderont pas sans doute à l'adopter également.

La commission des compas, instituée auprès de l'amirauté anglaise en 1837, a fait installer à Woolwich un observatoire spécial pour la vérification des compas de la marine. Dans un pavillon construit en bois sont établis trois piliers sur une même ligne parallèle au méridien magnétique. Le premier, qui est près d'une fenêtre donnant au nord, reçoit le compas à examiner; celui du milieu porte une lunette mobile autour d'un axe horizontal; au-dessus du troisième est suspendu parallèlement au méridien un aimant *collimateur*, formé d'un cylindre creux d'acier, d'une longueur de 15 centimètres, qui porte à son extrémité nord une lentille de verre, et à son centre une échelle divisée transversale. On pointe la lunette sur le collimateur pour avoir la direction actuelle du méridien magnétique, puis on la retourne pour la diriger sur un mur éloigné qui se voit par la fenêtre et sur lequel est tracée une série de divisions verticales. On note la division qui correspond au méridien, puis on pointe la lunette sur le compas qu'il s'agit de vérifier. A cet observatoire est annexé un musée où l'on trouve réunis une foule de compas et d'instruments magnétiques de toute sorte, dont quelques-uns fort anciens.

CHAPITRE III

LES ERREURS DE LA BOUSSOLE

Trop souvent, sur terre et sur mer, la boussole est un guide trompeur : c'est qu'elle peut se trouver en défaut par suite d'attractions locales. Bouguer en a fait l'expérience lors de son voyage au Pérou. Lorsqu'il voulut relever à la boussole sa route de La Plata à Honda (au sud-est de Quito), il s'aperçut que l'aiguille éprouvait les perturbations les plus irrégulières. Il suffisait de faire quelques pas pour voir la boussole dévier de plus de 30 degrés. Bouguer s'assura que la cause de ces perturbations locales résidait dans les blocs de roche épars dans les environs, qui semblaient avoir été semés là par quelque volcan voisin. Ces masses noirâtres et fendillées portaient les traces évidentes de l'action du feu; à l'intérieur, on les trouvait blanches et d'un grain très fin. Quelques-unes étaient de dimensions assez considérables et couvertes d'hiéroglyphes gravés profondément dans cette roche tendre; les indigènes les appelaient *pedras pintadas* (pierres peintes, pierres marquées).

Plus tard, Alexandre de Humboldt trouva sous une latitude voisine, au pied du volcan de Pasto, des rochers de porphyre rouge qui manifestaient également des propriétés magnétiques. Les roches basaltiques montrent souvent une polarité magnétique qui agit fortement sur la boussole. Il suffit de citer à cet égard le rocher sur lequel est bâti le château de Dumbarton-Castle en Écosse, et dont l'action se fait sentir jusqu'au delà de la rivière de Clyde.

La plupart des roches volcaniques sont plus ou moins magnétiques. Humboldt cite une colline, le Heidelberg, près de Zell, dirigée du sud-est au nord-ouest, dont le versant sud-est agit sur l'aiguille comme le pôle nord d'un aimant, et le versant opposé comme le pôle sud. L'action est sensible à 10 mètres. La montagne est formée de couches parallèles à son axe longitudinal, et la roche qui la compose renferme des parcelles de fer oxydulé qu'on en peut extraire en la pulvérisant et en y plongeant un barreau aimanté; en certains endroits, ces parcelles sont visibles à l'œil nu.

Dans l'Inde, M. J. Allan Broun, alors astronome du rajah de Travancore, a examiné aussi des montagnes magnétiques. Il les a trouvées composées de masses irrégulièrement distribuées, dont les pôles étaient dirigés dans tous les sens, de sorte que l'effet total était peu sensible à distance.

En Éthiopie, M. d'Abbadie a eu également à constater plus d'une fois l'influence perturbatriceque les attractions locales de roches ferrugineuses exerçaient sur les indications de ses boussoles.

Les navigateurs ne sont pas à l'abri de cette cause d'erreur lorsqu'ils arrivent dans le voisinage des côtes. Dans son premier voyage polaire, Parry vit subitement, le 1er août 1822, dans la baie de Baffin, deux boussoles sauter de l'*est* au *nord-ouest*, pendant que le navire était sous voiles, puis au bout d'un certain temps revenir à la première direction. Le 26 août, pendant la nuit, l'aiguille sauta encore de 7 rhumbs (80 degrés), puis revint en arrière après que le navire eut fait un demi-mille. Lapeyrouse, en passant près de Ténériffe, et Cook entre les îles de la mer du sud, ont aussi constaté des déviations irrégulières de la boussole.

A bord des navires, la boussole est d'ailleurs exposée à une cause de trouble permanente par suite de la présence des masses de fer plus ou moins considérables, qui, sous l'influence de la terre, prennent une polarité magnétique variable suivant les lieux où l'on se trouve. Les marins ont été longtemps avant de se douter des erreurs occasionnées par le fer des vaisseaux : ces erreurs étaient autrefois moins apparentes, non seulement à cause du peu de sensibilité des anciennes boussoles, mais sans doute aussi parce qu'il entrait moins de fer dans la construction des navires. Aujourd'hui que les ancres sont plus fortes et plus nombreuses, qu'on les attache avec des chaînes, qu'on a substitué aux caisses à eau en bois des caisses en tôle, aux canons de bronze des canons d'acier, les erreurs dues à l'influence du fer sont beaucoup plus sensibles; je ne parle pas des navires cuirassés, qui sont complètement bardés de fer.

Malgré la petitesse relative de cette influence sur les navires anciens, dès 1666 un hydrographe dieppois, Guillaume Denys, avait fait la remarque que deux boussoles placées en deux points différents d'un navire n'étaient plus d'accord. L'astronome Wales, qui accompagna Cook dans ses voyages (1772-1774), constata, pendant la traversée d'Angleterre au cap de Bonne-Espérance, des déviations locales de la boussole qui atteignaient 5 ou 6 degrés; il acquit la certitude que la déclinaison de l'aiguille n'était point la même dans les différentes positions du navire, qu'elle était plus grande quand le navire avait le cap entre le nord et l'est qu'entre le sud et l'ouest. Walker ajoute que les observations faites en deux points différents du même navire, ou sur deux navires différents, sont loin de donner des résultats identiques. Cook lui-même, sans mentionner les observations de Walker, constate, dans la relation de son second voyage, que plus d'une fois il a trouvé la variation du compas de quelques degrés plus grande quand on avait le soleil à bâbord que lorsqu'on l'avait à tribord. L'amiral danois Löwenörn, d'Entrecasteaux, Vancouver et d'autres navigateurs constatèrent ces anomalies sans en deviner la cause. Enfin en 1790 le maître timonnier du vaisseau *la Gloire*, de la marine anglaise, nommé Downie, dans un rapport sur les déviations de la boussole, déclare qu'elles sont produites par la polarité magnétique que le fer des navires acquiert sous l'influence du globe, polarité qui change de sens d'un hémisphère à l'autre. Il ajoute que deux navigateurs qui croient suivre la même route d'après leur boussole suivent rarement des directions parallèles.

Onze ans plus tard, le capitaine Flinders, chargé d'une reconnaissance des mers du sud, nota les erreurs de la boussole pour les diverses orientations de son navire (*l'Investigator*). Il trouva que, dans un même lieu, la déviation augmentait à mesure que le cap du navire s'écartait du méridien magnétique, qu'elle atteignait un maximum dans la direction est et ouest, et qu'elle semblait varier d'un lieu à l'autre à peu près comme l'inclinaison. De retour en Angleterre, après une captivité de sept ans subie à l'Ile de France, Flinders répéta ses expériences en 1810 dans les ports anglais, et il en conclut que l'influence perturbatrice se concentre en quelque sorte dans un point focal situé vers le milieu du navire, où se trouvent d'ordinaire accumulées des masses de fer considérables : boulets, chaînes, ancres, etc. Ce point focal, ce centre magnétique se comporte comme l'extrémité *supérieure* de l'aiguille d'inclinaison ou d'une barre de fer doux aimantée par l'influence terrestre : il représente un pôle analogue au pôle terrestre le plus voisin, c'est-à-dire que dans l'hémisphère boréal il attire l'extrémité nord, dans l'hémisphère austral l'extrémité sud de l'aiguille de la boussole.

Les deux voyages de William Scoresby au Spitzberg, les expéditions polaires de John Ross et de Parry, contribuèrent beaucoup à éclaircir ce problème. Il fut reconnu que pour une certaine direction de l'axe du navire, la déviation est nulle, et qu'elle atteint son maximum dans les deux orientations perpendiculaires à cette direction. Évidemment la déviation disparaît quand le centre magnétique du navire se trouve dans le méridien de l'aiguille ; si à ce moment on marque sur le pont ou sur la boîte du compas la ligne de ce méridien, on a la *ligne neutre*, qui joint la boussole au centre magnétique du navire, et qu'il suffit d'amener dans le méridien magnétique pour que la boussole cesse d'être influencée. Dans le cas le plus ordinaire, cette ligne neutre ne s'éloigne pas beaucoup de l'axe du navire.

Les déviations de la boussole qui résultent de la polarité propre du bâtiment peuvent être très considérables, et elles expliquent les contradictions que présentent les données fournies par les navigateurs du siècle dernier sur la direction des courants maritimes.

Les erreurs de route étaient toujours attribuées par eux à la dérive occasionnée par un courant. Bien des désastres maritimes n'ont probablement eu d'autre source que l'ignorance où l'on était de cette grave cause d'erreur.

Le 26 mars 1803, la frégate anglaise *l'Apollon* quitta le port de Cork avec un convoi de soixante-dix vaisseaux marchands ; le 2 avril, à 3 heures du matin, l'*Apollon* et quarante navires du convoi s'échouèrent sur la côte du Portugal, quand le capitaine croyait être à 180 lieues de terre. Un autre exemple de ces grosses erreurs de route est fourni par le naufrage de la *Thétis*, qui mit à la voile de Rio le 4 décembre 1830, ayant à bord un million de dollars. La frégate avait eu le cap au sud-est pendant toute la nuit ; le matin, se croyant loin de la côte, elle avait viré de bord afin de profiter d'une bonne brise qui venait du sud, quand elle se trouva tout à coup lancée contre les rochers accores du cap Frio et réduite à l'état d'épave. Dans le naufrage de la *Tamise*, qui eut lieu le matin en vue du cap Beachy-Head, où le navire avait passé la veille au soir, la cause de l'erreur de route était encore plus palpable, car la *Tamise* avait à bord une cargaison de 400 tonnes de fer et d'acier.

Pour les vaisseaux de fer, la déviation de l'aiguille peut devenir si considérable que la boussole n'est plus d'aucun usage. Ainsi Lilley trouva que le compas du *Shanghaï*, bateau à hélice entièrement en fer, déviait de 172 degrés vers l'ouest.

Pour atténuer les déviations, Parry éloignait toute pièce de fer de la boussole, et remplaçait les canons de fonte de l'arrière par des canons de bronze. Le capitaine Duperrey, avant de partir pour son voyage de circumnavigation sur la corvette *la Coquille*, usa de précautions analogues. Il supprima les canons du gaillard d'arrière, et fit cheviller et clouer en cuivre tout ce qui entourait la boussole, jusqu'à 3 ou 4 mètres de distance. Grâce à ces arrangements, les erreurs dues à la polarité du navire se trouvèrent notablement réduites. Lorsqu'on faisait tourner la corvette sur elle-même par une mer calme et qu'on relevait à la boussole le soleil couchant, la plus grande différence entre les résultats dépassait rarement 1 degré.

Lorsqu'on veut déterminer d'une manière précise les déviations de la boussole pour les diverses orientations du navire, on amène ce dernier en rade dans le voisinage des côtes, et dans une eau calme, puis on le fait tourner sur lui-même en l'arrêtant successivement dans une série de positions, et en relevant chaque fois à la boussole le cap du navire et le gisement d'un signal placé à terre (fig. 38). En même temps, un second observateur, installé sur la terre près du signal, prend chaque fois la direction du premier à l'aide d'une seconde boussole. La comparaison des relèvements réciproques de la ligne qui joint les deux observateurs donne les déviations de la boussole restée à bord pour tous les caps successifs. Pour s'assurer que les deux boussoles sont d'accord, on les compare soigneusement à terre.

On peut d'ailleurs éviter les relèvements réciproques par un artifice très simple, dont la première idée revient à M. Stebbing. On trace autour du signal un arc de cercle d'environ 30 mètres de rayon, et l'on marque les degrés par des piquets, en plantant de cinq en cinq degrés un piquet plus haut, après avoir déterminé avec soin, à l'aide de la boussole, la direction du méridien magnétique passant par le signal. Tout en prenant du navire le relèvement du signal, on note alors le jalon sur lequel se projette le signal, et l'on a ainsi immédiatement l'azimuth magnétique vrai qui correspond à ce relèvement.

Ayant déterminé par l'une de ces méthodes les déviations du compas pour tous les caps du navire, on peut dresser des tables qui serviront à corriger la route. Généralement on trouve deux caps opposés pour lesquels la déviation est nulle : ces caps font connaître la direction de la ligne neutre. Mais il existe aussi un moyen de redresser directement les erreurs de la boussole : ce moyen est fourni par la pla que de correction ou le *compensateur* de M. Barlow.

Nous avons vu que l'influence du navire sur la boussole semble émaner d'un centre magnétique, dont la *ligne neutre* marque la direction. M. Barlow, professeur à l'École militaire de Woolwich, expérimentateur ingénieux, s'est demandé s'il ne serait pas possible de produire exactement les mêmes effets avec une simple plaque de fer doux, placée à une distance

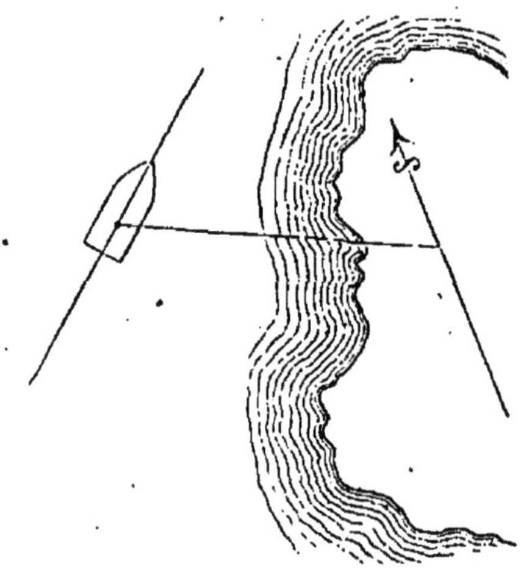

Fig. 38. — Déviations du compas.

convenable de la boussole dans la direction de la ligne neutre. En déposant la boussole, hors du navire, sur un socle de bois mobile, on peut en effet par tâtonnement trouver une position où une plaque de fer doux, fixée au socle et tournant avec lui, produit des déviations identiques à celles qu'on avait observées à bord. Cette plaque étant ensuite fixée dans la même position au support du compas installé à bord, les déviations seront doublées, et, si on la fixe dans une position diamétralement opposée, elles seront annulées.

Le compensateur de Barlow, fondé sur ce principe, est un disque de 30 centimètres de diamètre, composé de deux plaques de fer doux que sépare une plaque de bois, et traversé par une tige de cuivre qui sert à le placer. Après avoir déterminé les déviations pour les différents caps du navire par le procédé qui vient d'être expliqué, on transporte la boussole à terre, et on l'installe sur le socle tournant, percé de trous où l'on peut enfoncer la tige de la plaque de correction (fig. 39). On fait varier la hauteur et la distance de cette dernière jusqu'à ce qu'on ait trouvé la position où elle produit, lorsqu'on fait tourner le socle, les déviations constatées à bord. On reporte ensuite la boussole sur le navire, et on marque la place de la plaque de correction telle qu'on vient de la déterminer à terre; puis, toutes les fois qu'on veut connaître la déclinaison, on fait deux observations, l'une sans le compensateur, l'autre en l'ajoutant, ce qui double l'erreur : la différence des deux lectures donne la déviation, qu'il faut retrancher de la première mesure pour la corriger. Ou bien on installe la plaque une fois pour toutes dans une position diamétralement opposée, de manière qu'elle *détruise* les déviations occasionnées par le navire; les erreurs de la boussole sont alors, sinon annulées, du moins notablement réduites. On comprend qu'on ne saurait atten-

Fig. 39. — Compensateur.

dre de ce moyen empirique une efficacité absolue.

Le compensateur de Barlow a été essayé pour la première fois en 1820, sur deux navires anglais, le *Leven* et le *Conway*, puis en 1823 sur le *Griper*, pendant un voyage au Spitzberg. Sous les hautes latitudes, les erreurs du compas de route du *Griper* atteignaient 27 degrés; le compensateur les réduisait à 4 ou 5 degrés au maximum. Pendant quelque temps, on se flatta de posséder dans cet ingénieux appareil un moyen sûr de redresser les erreurs de la boussole dues aux attractions du navire. Les calculs de Poisson étaient d'ailleurs venus apporter aux vues de M. Barlow la consécration de la théorie. L'expérience malheureusement ne tarda pas à prouver que la position de la plaque de correction, déterminée pour un certain lieu du globe, cessait d'être exacte lorsqu'on changeait de latitude; il fallait toujours de temps en temps la corriger en dressant une nouvelle table des déviations du compas. Or, du moment qu'il faut exactement connaître et enregistrer les déviations, à quoi bon une plaque qui les double ou les compense à peu près? Il est plus simple de tenir compte, dans le calcul de la route, des déviations prises dans la table. Aussi le compensateur de Barlow a-t-il été abandonné, même en Angleterre, après vingt ans de services dont l'importance est aujourd'hui contestée.

Poisson suppose, comme M. Barlow, que le magnétisme des fers du navire n'est dû qu'à une influence temporaire du globe; mais il est certain que, parmi les masses métalliques accumulées à bord, il y en a qui ont acquis une certaine force coercitive et qui déviennent des aimants permanents. Il s'ensuit que la polarité des fers du vaisseau est en partie variable, en partie fixe, et que l'effet total doit subir des change ments d'une nature complexe. C'est notamment dans le cas des navires en fer que la méthode de Barlow devient insuffisante, et que l'analyse de Poisson se trouve en défaut.

M. Airy, l'astronome royal d'Angleterre, a repris ce sujet en 1838, l'abordant à la fois du côté de la théorie et de celui de l'expérience. Le résultat de ses recherches est une méthode de compensation à l'aide de deux aimants placés l'un en avant, l'autre à droite ou à gauche du compas, auxquels on joint encore une masse de fer ordinaire (un boulet, une chaîne enfermée dans une boîte, ou un paquet de clous), que l'on dépose dans un endroit déterminé du pont. Quelquefois on corrige le compas à moins de frais : le *Ripon* exigeait deux aimants et une boîte, le *Pottinger* n'avait qu'un aimant et une boîte ; pour l'*Ariel*, un seul aimant suffisait.

Même par cette méthode perfectionnée, on ne réussit pas toujours à détruire les déviations. Déjà, lorsqu'on ne quitte pas certains parages, on constate que les déviations sont tout au plus diminuées, mais non détruites ; quand on change de latitude, elles reparaissent souvent avec une intensité fâcheuse. Ainsi le compas du *Bosphorus*, ayant été compensé en Angleterre par la méthode de M. Airy, se trouva au cap de Bonne-Espérance en erreur de 30 ou 40 degrés quand la quille du vaisseau était parallèle à la ligne est et ouest ; ayant été corrigé de nouveau à Table-Bay par le même procédé, le compas donna encore 40 ou 50 degrés de déviation au retour en Angleterre. Un échec du même genre était réservé au *Propontis*, autre navire en fer.

La correction par les tables de déviation a été adoptée en France et en Angleterre par la marine de l'État; la méthode de M. Airy a été préférée par la marine marchande; mais l'influence des énormes masses de fer qui entrent aujourd'hui dans la construction des navires rend souvent illusoire la sécurité que procurent ces méthodes.

En 1865, le conseil de la Société royale de Londres s'est ému de cette situation; il a adressé au *Board of trade* (ministère du commerce) une lettre où la question des erreurs de boussole est discutée au point de vue pratique. Les auteurs de la lettre insistent sur la nécessité d'avoir à côté des compas de route un compas de navigation placé de manière qu'il soit autant que possible à l'abri des influences magnétiques du navire; ils recommandent aussi l'éducation des maîtres et des matelots en vue des observations de la boussole, et proposent d'établir une commission spéciale sous la direction d'un surintendant compétent pour la surveillance des compas de la marine.

Toutes ces mesures, excellentes en elles-mêmes, ne valent pas un bon procédé de correction qui serait à l'abri des anomalies dont souffrent les procédés en usage. Ces anomalies ont leur source dans les changements incessants de l'état magnétique du navire. L'influence des chocs et des trépidations qui altèrent la constitution moléculaire du fer, l'action de l'eau salée sur les coques et les armatures, qui s'oxydent à la longue, tout cela dérange sans cesse la répartition des forces magnétiques dans la masse du navire, sans compter que l'intensité du magnétisme terrestre, sous l'influence duquel s'aimantent les fers, varie avec la latitude où l'on se trouve.

Il faut donc chercher à s'affranchir de l'action magnétique du navire pour obtenir des indications exactes, et l'on y parviendrait en observant la boussole, à la mer, à une certaine distance du navire. C'est là ce qui a inspiré à M. Faye l'idée de son *loch-boussole,* qu'il a soumise à l'Académie des sciences dans le courant de l'été de 1865.

Le loch, instrument inventé en 1550, sert à mesurer le chemin parcouru dans l'unité de temps, ou la vitesse du navire. C'est une planchette triangulaire dont la base est garnie de plomb pour qu'elle puisse se tenir verticale dans l'eau, et au sommet de laquelle est fixée une ligne divisée en *nœuds* d'environ 15 mètres, où viennent se rattacher par une cheville deux bouts de corde fixés aux angles de la base du « bateau de loch ». On jette le loch à l'arrière du bâtiment sous le vent, et on laisse filer la ligne pendant 30 secondes, mesurées au sablier; le nombre de nœuds filés au bout de ce temps indique le nombre de milles marins que le navire fait en une heure. Ensuite on fait tomber la cheville (on *démâte* le loch) par une forte secousse imprimée à la ligne, et on ramène l'appareil à bord.

M. Faye remplace la planchette par une poutrelle assez longue, amincie par les bouts, lestée d'une masse de plomb, et portant vers son milieu une boussole suspendue comme à l'ordinaire, mais fermée hermétiquement. On forcerait le nouveau bateau de loch à se placer perpendiculairement au sillage du navire à l'aide du système habituel, deux cordes attachées aux deux extrémités et réunies un peu plus loin par une chevillette. Dans cette position, on observerait la vitesse du navire en comptant le nombre de nœuds filés, ensuite on ferait tomber la cheville, mais au lieu de ramener le loch, on le fixerait au navire, et on le laisserait s'orienter dans la direction de la route. A ce moment, on arrêterait l'aiguille aimantée dans sa boite à l'aide d'un taquet ou levier intérieur, commandé par un cordon spécial qui agirait sur une détente lorsqu'on lui imprimerait une secousse. L'aiguille, fixée dans sa boîte comme l'aiguille de la boussole d'arpenteur, serait alors observée à bord, et sa position donnerait immédiatement la direction de la route. On pourrait arriver au même but au moyen d'un système de pointage; ce sont là des détails d'exécution. — Le loch à boussole ne serait d'ailleurs jeté que lorsqu'on aurait besoin de connaître l'erreur du compas; pour l'usage ordinaire, on conserverait le loch à planchette. L'emploi du loch-boussole (s'il était trouvé vraiment pratique) apporterait une sérieuse garantie à la sécurité de la navigation pour les vaisseaux en fer, surtout s'il était employé concurremment avec les procédés déjà usités.

En 1867, un ingénieur anglais, M. Evans Hopkins, a proposé de détruire le magnétisme des navires de fer par une dépolarisation ou désaimantation artificielle de la coque et des baux (poutres transversales). Il a fait à ce sujet quelques expériences sur le *Northumberland*, qui ont été couronnées de succès. On avait trouvé à Scheerness que le *Northumberland* avait gagné pendant la construction une forte polarité en rapport avec sa position sur les chantiers ; le compas d'habitacle avait une déviation de 53° vers l'est quand le cap était à l'ouest, et une déviation opposée quand le cap était à l'est, preuve évidente que le pôle nord de l'aiguille était attiré par l'arrière du bâtiment. La dépolarisation entreprise au moyen de forts électro-aimants ne tarda pas à réduire ces erreurs à un petit nombre de degrés ; mais M. Hopkins ne put achever l'opération, parce que le bau de fer sur lequel l'habitacle de la dunette se trouvait placé était recouvert en bois et qu'on ne voulait pas enlever le doublage. L'appareil du gouvernail, il est vrai, était tout en cuivre jaune ; mais cette opération a peu de valeur, si on laisse tout près du compas des baux fortement magnétiques. Comme il entre fort peu de fer doux dans la construction des navires, le procédé de M. Hopkins peut être considéré comme très rationnel, puisqu'il détruit l'aimantation permanente.

Le magnétisme terrestre, qui imprègne de polarité tous les fers du vaisseau, communique aussi un certain degré d'aimantation aux pièces d'acier qui font partie des chronomètres, et il en résulte des perturbations dans la marche des garde-temps. Le capitaine Buchan, dans son voyage aux régions arctiques en 1818, paraît avoir constaté le premier que la marche du chronomètre n'était pas la même à bord qu'à terre. La différence peut aller jusqu'à 10 secondes par jour. On attribue cet effet à la présence des masses de fer. Les expériences de M. Fisher, de M. Frodsham, celles de MM. Barlow et Evans, ont prouvé que le voisinage de masses de fer considérables peut en effet influencer la marche des montres. Un boulet, placé à un pas d'un chronomètre, peut le retarder de quatre secondes par jour. Avec un balancier de cuivre, l'action perturbatrice semble disparaître.

Il résulte de ces expériences qu'il est bon d'éloigner les chronomètres du voisinage des masses de fer : ils sont sujets à être troublés comme les compas.

CHAPITRE IV

LES CONSTANTES MAGNÉTIQUES. — PROCÉDÉS D'OBSERVATION

La déclinaison et l'inclinaison de l'aiguille aimantée font connaître la direction de la force magnétique du globe en un lieu donné. En y ajoutant l'intensité de cette force, on a les trois éléments ou *constantes* magnétiques du lieu.

Pour observer la déclinaison en mer, on emploie le *compas des variations* (fig. 40). C'est une boussole marine qu'on peut faire tourner autour d'un axe vertical, afin de placer la ligne de foi dans un azimuth voulu. Sur le bord de la cuvette, aux deux extrémités de la ligne de foi, sont deux pinnules, l'une où est tendu un fil vertical, l'autre percée d'une fente mince à laquelle on applique l'œil. Derrière la pinnule oculaire est généralement disposée une petite glace inclinée à 45°, dont le tain a été enlevé en partie pour qu'on puisse voir au travers; la partie inférieure, qui est étamée, montre par réflexion la ligne de foi et la division du cercle mobile qui coïncide avec cette ligne.

On voit ainsi d'un seul coup d'œil l'angle que fait avec le méridien magnétique le vertical de l'objet que l'on vise à l'aide des deux pinnules, après avoir amené la ligne de foi dans la direction de cet objet. En relevant de cette manière le soleil ou un astre connu quelconque dont on peut calculer l'azimuth vrai pour l'instant de l'observation, ainsi qu'il a été expliqué

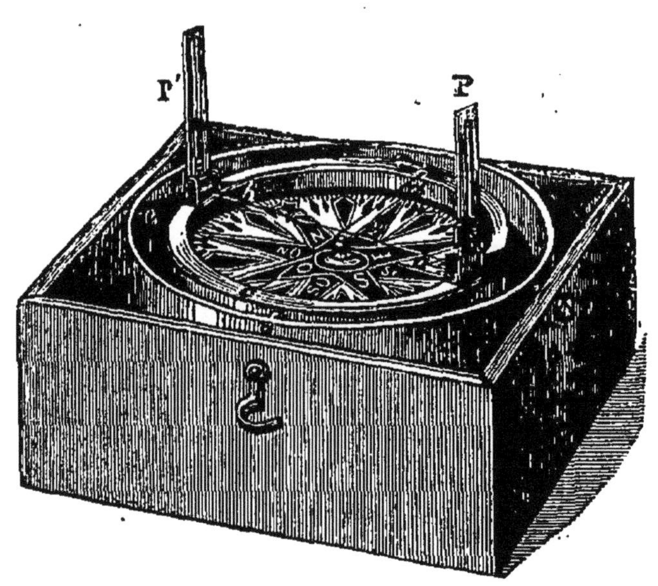

Fig. 40. — Compas des variations

plus haut, on n'a plus qu'à comparer cet azimuth vrai au relèvement obtenu : la différence est la déclinaison cherchée. — Le compas de variation est installé à bord des navires, soit d'une manière fixe, soit temporairement, dans un endroit d'où l'on aperçoit librement une grande partie de l'horizon. De temps à autre, on a soin d'en comparer les indications à celles du compas d'habitacle.

A terre, on peut mesurer la déclinaison d'une manière plus précise, à l'aide d'instruments plus délicats où les pinnules sont remplacées par une lunette mobile dans un plan vertical qui passe par la ligne de

Fig. 41. — Boussole de déclinaison.

foi. Nous allons décrire un instrument qui permet de réaliser ce genre d'observations.

La *boussole de déclinaison* (fig. 41) est une boîte circulaire de cuivre au centre de laquelle pivote une aiguille horizontale dont les extrémités parcourent un cercle divisé en degrés. L'aiguille a la forme d'un losange très aigu; à son milieu, elle est percée d'un trou par lequel on l'ajuste sur une chape formée d'une agate un peu évidée en dessous; une glace la préserve des agitations de l'air. La boîte MN peut tourner elle-même autour d'un axe vertical; l'angle dont on la fait tourner se mesure sur un cercle divisé, le cercle *azimutal*, qui est fixé au pied de l'instrument. Cette boîte porte deux montants sur lesquels repose l'axe horizontal *aa'* d'une lunette LL', dont le plan de rotation passe par la ligne de foi de la boussole. Un niveau à bulle d'air NN' sert à régler l'horizontalité de l'axe *aa'* et du cercle de la boîte, à l'aide des trois vis calantes sur lesquelles s'appuie le trépied.

L'instrument étant installé sur un support et réglé, on fait tourner la boîte de manière qu'on puisse diriger la lunette sur une mire ou sur un astre dont on prendra la hauteur. L'azimuth connu de la mire ou celui de l'astre, que l'on peut calculer au moyen de la hauteur observée, donne l'azimuth de la ligne de foi, et il suffit de faire tourner la boîte d'un angle égal à cet azimuth pour amener la ligne de foi dans le méridien. La déclinaison peut alors se lire sur la graduation intérieure.

Pour observer la hauteur de l'astre qui sert à orienter la boussole, l'instrument a un arc de cercle divisé, fixé à l'un des montants, et sur lequel se meut une alidade ; mais cet accessoire n'est pas nécessaire, car au lieu de la hauteur il suffit de noter l'heure vraie de l'observation pour obtenir l'azimuth.

La boussole de Gambey est un instrument de précision d'une construction plus compliquée. L'aiguille s'y trouve remplacée par un barreau aimanté que soutient un paquet de fils de cocon, et dont les extrémités sont garnies d'anneaux de cuivre avec des fils croisés sur lesquels on pointe la lunette, après avoir déterminé la direction du méridien par l'observation d'une étoile. Afin de pouvoir ainsi viser à la fois très loin et très près, la lunette a un objectif dont la partie

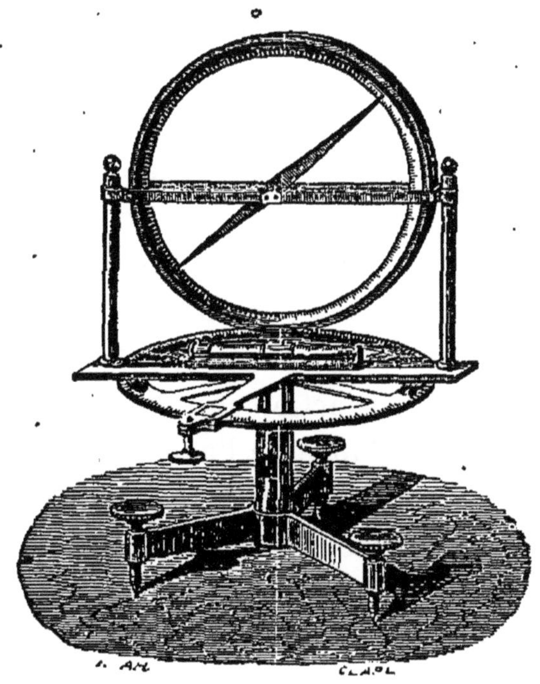

Fig. 42. — Boussole d'inclinaison.

centrale est munie d'une petite lentille qui en fait un objectif de microscope.

Dans la *boussole d'inclinaison* (fig. 42), l'aiguille tourne autour d'un axe horizontal, et ses extrémités parcourent un cercle divisé vertical, que portent deux montants fixés sur une règle horizontale. Cette règle, qui est munie d'un niveau, tourne autour d'un axe vertical sur un limbe divisé. D'habitude le cercle vertical et les montants sont logés dans une boîte plate fermée par deux glaces dont l'une peut s'enlever lorsqu'on veut toucher à l'aiguille ; cette boîte a été supprimée dans la figure.

Lorsqu'on connaît la direction du méridien magnétique, il suffit d'amener le cercle vertical dans le plan de ce méridien et de lire la division où s'arrête le pôle nord de l'aiguille, pour avoir l'inclinaison. Mais on commence généralement par chercher le méridien à l'aide de l'instrument même. On fait tourner la règle jusqu'à ce que l'aiguille se tienne exactement verticale ; on sait alors que son plan de rotation est perpendiculaire au méridien magnétique. En effet, quand l'aiguille ne peut se mouvoir que dans un plan perpendiculaire au méridien, la *force horizontale* (qui est parallèle au méridien) est sans action sur elle, puisqu'elle est détruite par la résistance de l'axe de rotation, et il ne reste que la *force verticale*, à laquelle l'aiguille obéit en prenant la direction du fil à plomb. Lorsqu'on est arrivé à ce résultat par tâtonnement, on sait que la règle est parallèle à la ligne est-ouest, et l'on n'a plus qu'à la faire tourner de 90 degrés pour l'amener dans le méridien. Une fois dans le méridien, l'aiguille est sous l'influence de la *force totale* de l'aimant terrestre, et ses pointes marquent sur le cercle vertical l'inclinaison cherchée.

Dans toutes les autres positions de la règle, l'aiguille se rapproche davantage de la verticale ; l'inclinaison qu'elle prend dans le méridien magnétique est donc l'angle *minimum* qu'elle fait avec l'horizon, et cette remarque fournit un autre moyen de trouver le méridien par tâtonnement.

Lorsqu'on a déterminé la déclinaison et l'inclinaison de l'aiguille aimantée, on connaît la *direction* de la force magnétique. Il reste à mesurer l'*intensité* de cette force, et l'on y parvient par divers moyens. La plupart des procédés qu'on emploie dans ce dessein consistent à compter les oscillations qu'une aiguille aimantée, légèrement dérangée de sa position d'équilibre, accomplit dans un temps déterminé. L'aiguille peut alors être considérée comme un pendule qui oscille sous l'influence d'une force analogue à la gravité, et la théorie montre que l'intensité de la force a pour mesure le carré du nombre des oscillations.

En comptant les oscillations de l'aiguille d'inclinaison, on mesure directement la force totale du globe; mais cette méthode offre dans la pratique de grandes difficultés. On préfère généralement observer les oscillations d'une aiguille horizontale; on mesure ainsi la composante horizontale du magnétisme terrestre, et l'on en déduit la force totale par le calcul[1].

Pour ces sortes d'observations, un célèbre physicien suédois, M. Hansteen, a imaginé un appareil spécial, connu sous le nom de *boussole des intensités*, qui a été perfectionné par le capitaine Duperrey. L'aiguille, contenue dans une boîte cylindrique fermée par une glace, est suspendue à un fil de soie qui passe par un trou percé au centre de cette glace. L'une de ses extrémités parcourt un arc divisé, l'autre porte un index que l'on peut viser du dehors avec une petite lunette

[1] On pourrait aussi mesurer la force verticale par les oscillations d'un pendule *aimanté*.

horizontale, à travers une ouverture pratiquée dans la paroi de la boîte. On note, de dix en dix oscillations, l'instant où l'index passe sous le fil de la lunette.

Pour les observations de voyage, M. Lamont a imaginé un instrument portatif qui permet d'obtenir à la fois les trois constantes, et dont il suffira d'indiquer le principe. Un cercle azimutal porte un plateau tournant avec une cage de verre où se trouve suspendu un petit barreau aimanté, muni d'un miroir; sur le bord du plateau est fixée une lunette horizontale dirigée sur ce miroir. On amène à coïncidence la croisée du fil et son image réfléchie par le miroir. Ensuite on enlève la cage, on dirige la lunette sur une mire dont on connaît l'azimuth, et l'on a la déclinaison. Pour mesurer la force horizontale, il suffit d'observer la déviation imprimée au barreau par un aimant qu'on en approche à une distance déterminée, perpendiculairement au méridien magnétique. Enfin on déduit l'inclinaison de la déviation produite par deux cylindres de fer doux plantés verticalement à droite et à gauche du barreau, l'un en dessus, l'autre en dessous de son plan, et que la force terrestre aimante temporairement. On a ainsi les trois constantes magnétiques.

CHAPITRE V

LES CARTES MAGNÉTIQUES. — LES DEUX POLES MAGNÉTIQUES DU GLOBE

Au dix-septième siècle, on commence à observer la déclinaison d'une manière suivie. Dès 1559 d'ailleurs les navigateurs hollandais avaient recueilli une série de déterminations, d'après les ordres du prince de Nassau. Kircher nous apprend que le P. Burrus, à Lisbonne, avait marqué sur une mappemonde les déclinaisons observées, et tracé, de degré en degré, les lignes d'*égale déclinaison*[1]. Le P. Burrus y voyait un moyen de trouver la longitude en mer, et il offrit de vendre sa découverte au roi d'Espagne pour 50 000 ducats ; mais dès cette époque on savait que la déclinaison ne pouvait fournir une donnée assez précise pour un pareil usage.

En 1698, le célèbre astronome anglais Halley obtint du roi Guillaume III un navire avec lequel il

[1] Il les appelait *tractus chalybælitici*. Kircher écrivait en 1631.

partit pour un grand voyage, afin de déterminer la position géographique des colonies anglaises et de recueillir des observations magnétiques. Au bout de six mois on le voit revenir; tout son équipage avait été malade après qu'on eut passé la ligne, et son lieutenant s'était révolté. Le lieutenant fut cassé, et Halley reprit la mer; il revint en 1700 avec une riche moisson d'observations. En y ajoutant celles qui lui étaient fournies par d'autres observateurs, il dressa ses célèbres cartes des lignes d'égale déclinaison, ou *lignes isogones*, comme on les appelle aujourd'hui. Ces courbes y sont tracées de cinq en cinq degrés. L'imperfection des méthodes d'observation, dans lesquelles on n'avait pas tenu compte de l'influence du fer des vaisseaux, ne permettait pas encore de donner à ces sortes de cartes une grande exactitude; cependant on y reconnaît déjà l'aspect général des isogones, telles qu'elles ont été plus tard déterminées par les successeurs de Halley. L'aspect de ces lignes change d'ailleurs peu à peu, grâce aux variations lentes que la déclinaison subit avec le temps, et dont nous parlerons plus loin.

Des cartes nouvelles des lignes isogones furent publiées par Mountain et Dodson en 1740. En 1768, Wilke donna une carte des lignes d'égale inclinaison. Puis vint Cristopher Hansteen, professeur de physique à Christiania, qui fit paraître, en 1819, un grand ouvrage sur le *magnétisme terrestre*.

Né en 1774, M. Hansteen fut nommé assez jeune à la chaire de physique de l'université norvégienne. Pendant un demi-siècle, il n'a cessé de contribuer activement au progrès de la science du magnétisme terrestre, dont il s'était fait une véritable spécialité. Obligé d'éditer à ses frais l'ouvrage, capital pour l'époque, où il réunissait et mettait en œuvre l'ensemble des matériaux d'observation alors accessibles, il ne put le continuer et dut s'en tenir à la publication du premier volume ; ses travaux postérieurs ont paru dans les divers recueils consacrés aux recherches de physique. M. Hanstéen est mort en 1873.

Dans son ouvrage de 1819, il a tenté de déterminer les isogones pour diverses époques, en utilisant jusqu'aux plus anciennes observations. La comparaison des cartes de Hansteen pour les années 1600, 1700, 1800, fait immédiatement apercevoir les déplacements considérables que ces lignes éprouvent dans le cours d'un siècle. Ce n'est pas d'ailleurs le seul système de courbes par lequel il cherche à mettre en évidence la distribution du magnétisme à la surface du globe ; mais avant d'aborder cette représentation empirique de la réalité, il est intéressant de nous rendre compte *a priori* de l'aspect que présenteraient les phénomènes, s'il y avait à l'intérieur du globe un aimant dirigé suivant un de ses diamètres, et dont les pôles fussent peu éloignés du centre.

On reconnaît facilement qu'en ce cas l'axe prolongé de l'aimant viendrait couper la surface terrestre en deux points N, S, qui seraient les *pôles magnétiques* du globe, où l'aiguille d'inclinaison serait verticale, où l'aiguille de déclinaison serait en équilibre indifférent, où l'intensité enfin serait double de celle qu'on trouverait sous l'*équateur magnétique*, c'est-à-dire le long du grand cercle tracé à égale distance des deux pôles N, S. Sous l'équateur magnétique, l'intensité serait plus petite que partout ailleurs ; l'aiguille libre y serait toujours horizontale et perpendiculaire à l'équateur. Les grands cercles menés par les pôles N, S, ou *méridiens magnétiques*, marqueraient sur le globe les directions de l'aiguille de la boussole, et la déclinaison serait en chaque point égale à l'angle que le méridien magnétique ainsi défini formerait avec le méridien géographique. Les *parallèles magnétiques*, perpendiculaires aux méridiens, seraient des lignes d'égale inclinaison, des *isoclines*, et aussi des lignes d'égale intensité, des *isodynames*. Le grand cercle mené par les pôles N, S, et par les pôles terrestres, étant à la fois un méridien terrestre et un méridien magnétique, représenterait une *ligne sans déclinaison*. Il partagerait le globe en deux zones, l'une où la déclinaison serait orientale, l'autre où elle serait occidentale. Les autres lignes *isogones* ou d'égale déclinaison s'obtiendraient en menant des courbes par les séries de points où les méridiens magnétiques et les méridiens géographiques se coupent sous les mêmes angles ; ces courbes, de forme en général assez simple, viendraient toutes se croiser aux points de concours des deux sortes de méridiens, c'est-à-dire aux pôles terrestres aussi bien qu'aux pôles magnétiques. Il résulte de cette remarque que le système des isogones comporte nécessairement une certaine complication qui le rend peu propre à donner une idée claire de la topographie du magnétisme terrestre.

Si nous passons maintenant aux cartes de Hansteen, où se trouvent figurés les résultats des observations recueillies dans le cours de deux siècles, nous n'y retrouvons même pas la symétrie théorique de ces courbes idéales. On remarque d'abord deux lignes où la déclinaison est nulle, où par conséquent l'aiguille pointe exactement vers le nord, l'une du côté de l'Atlantique, l'autre du côté de l'Asie. Ces deux *lignes sans déclinaison*, à replis sinueux, partagent la surface du globe en deux zones où la déclinaison est de même sens : dans la zone qui comprend l'Océan Pacifique, elle est toujours orientale, dans l'autre toujours occidentale. C'est dans cette dernière que nous sommes depuis deux siècles ; le pôle nord de l'aiguille dévie donc dans toute l'Europe à gauche, c'est-à-dire à l'ouest. Il n'en était pas ainsi au commencement du dix-septième siècle, car alors la déclinaison était orientale dans toute une partie de l'Europe, l'aiguille y déviait à droite du méridien.

En effet, la première des deux lignes sans déclinaison, la ligne atlantique, partait en 1600 du cap de Bonne-Espérance, montait vers le nord par l'Afrique, l'Europe orientale, la Laponie, puis se repliait vers le sud et se dirigeait à travers l'Atlantique sur l'Amérique méridionale, qu'elle atteignait un peu au-dessous de l'isthme de Panama. Elle enveloppait ainsi dans une vaste sinuosité presque toute l'Europe, qui se trouvait dès lors dans la zone de la déclinaison orientale. Peu à peu ce repli descendait sur l'Europe ; vers 1660, la ligne sans déclinaison passait par la France et la Grande-Bretagne, car à cette époque l'aiguille aimantée se dirigeait droit au nord aussi bien à Paris qu'à Londres. De 1700 à 1800, on la

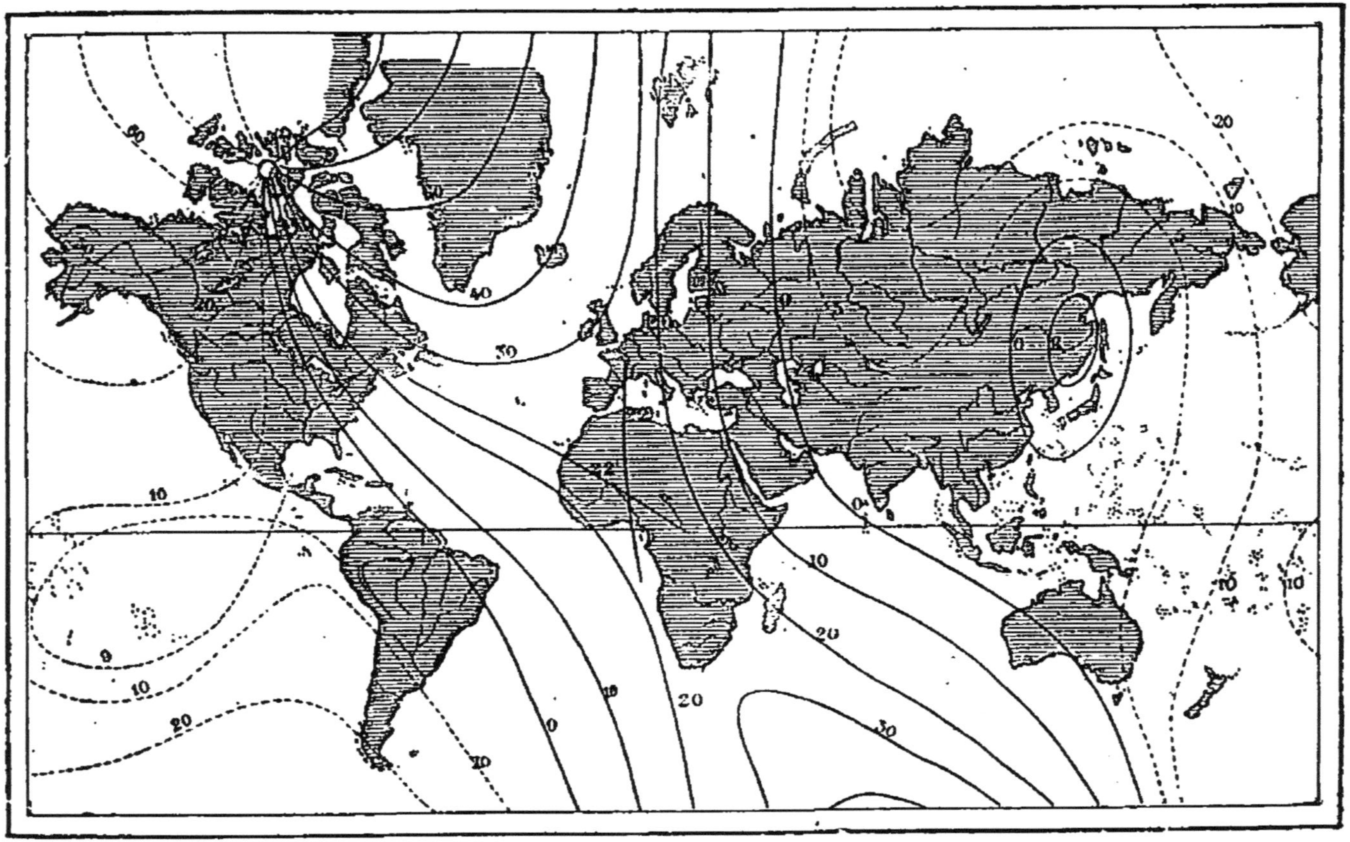

Fig. 45. — Carte des isogones.

trouve comprise dans l'Atlantique, qu'elle traverse obliquement du sud-est au nord-ouest, en se rapprochant peu à peu du nouveau continent, qu'elle coupe à la hauteur du Canada. Elle a donc quitté l'Europe, qui est maintenant tout entière dans la zone de la déclinaison occidentale.

Les Portugais, lorsqu'ils doublèrent le cap de Bonne-Espérance, en 1486, traversaient la ligne sans déclinaison, et constataient avec bonheur que l'aiguille et l'étoile polaire avaient retrouvé leur accord. La pointe où ils avaient observé l'absence de déclinaison reçut le nom de cap des Aiguilles (*das Agulhas*); elle ne mérite plus aujourd'hui ce nom, puisque le méridien céleste et le méridien magnétique y présentent maintenant un écart de 30 degrés.

Profitant d'un nombre très considérable de déterminations nouvelles fournies par divers navigateurs, Barlow dressa, pour l'année 1830, une carte des lignes isogones plus complète et plus précise que toutes celles qu'on avait eues jusqu'alors. Dans l'Océan Pacifique, cette carte montre des courbes fermées enveloppant les îles Marquises, au centre desquelles la déclinaison atteint un minimum. Il y en a d'ailleurs de semblables au nord-est de l'Asie, mais elles circonscrivent un maximum, comme le montre la carte des isogones dressée par Gauss et Weber (fig. 43).

Après le célèbre voyage de circumnavigation de la corvette *la Coquille* (1822-1825), qui a été si fécond en résultats scientifiques, le capitaine Duperrey entreprit la construction de nouvelles cartes synop-

10

tiques des déclinaisons fondées sur un autre principe. Au lieu de joindre par des courbes les points où la déclinaison a la même valeur, Duperrey trace sur le globe les lignes qu'on obtient en allant toujours dans la direction de l'aiguille aimantée. Ces lignes, qu'il nomme *méridiens magnétiques vrais*[1], coïncident en chacun de leurs points avec le méridien magnétique du lieu, lequel est donné par la direction de l'aiguille. En suivant le méridien magnétique du lieu, on arrive en effet bientôt à un point où l'aiguille s'écarte à droite ou à gauche de la route suivie jusque-là; on prend la nouvelle direction qu'elle indique, et la courbe qui réunit ces directions successives est le méridien magnétique vrai. En partant de Bruxelles, on arriverait ainsi, par la mer du Nord, après avoir laissé l'Écosse et l'Irlande à sa gauche et traversé le Groenland, à la terre de Boothia-Félix, au pôle magnétique boréal. En partant de Sainte-Hélène, on arriverait encore au même terme en passant par le cap Vert, les Açores, la pointe méridionale du Groenland. Un coup d'œil jeté sur ces cartes montre que dans les régions polaires la déclinaison de l'aiguille change rapidement d'un lieu à l'autre. Sur la côte ouest du Groenland, que baigne la mer de Baffin, le pôle nord de l'aiguille se dirige droit à l'ouest; à Port-Bowen, il pointe vers le sud-ouest, aux îles Melville vers le sud-est.

Les méridiens de Duperrey, qui sont représentés dans notre carte des *Méridiens magnétiques* (fig. 44),

[1] Ce sont les *routes magnétiques* de Léonard Euler.

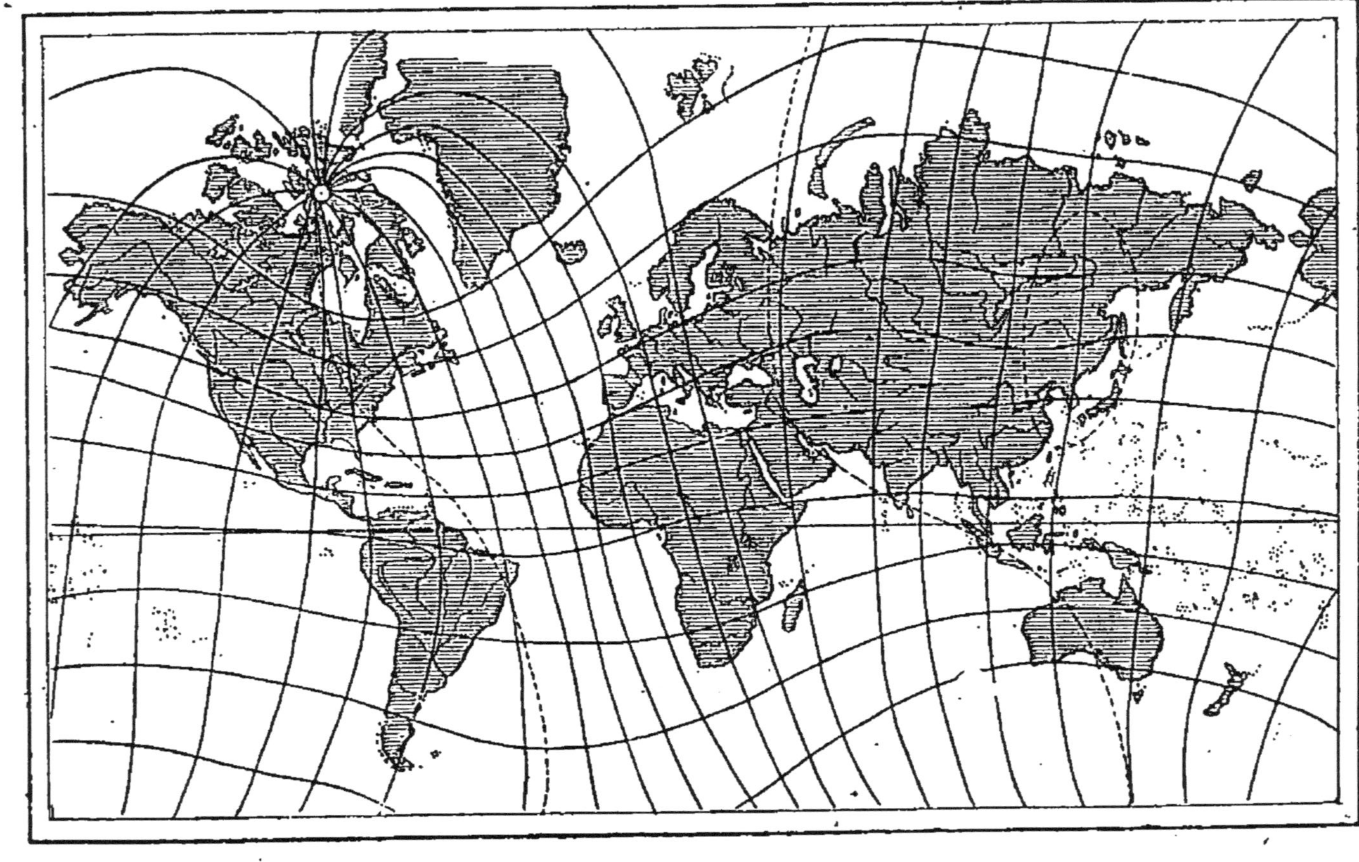

Fig. 44. — Méridiens magnétiques.

offrent un tracé bien plus régulier que les isogones[1]. Ils aboutissent à deux *pôles magnétiques*, situés dans le voisinage des deux pôles terrestres. En menant des courbes normales aux méridiens magnétiques vrais, on obtient les *parallèles magnétiques;* ce sont les routes indiquées par l'aiguille qu'on posait autrefois en croix sur l'aiguille aimantée. Le parallèle du milieu, qui longe d'assez près l'équateur terrestre, a reçu de Duperrey le nom d'*équateur magnétique*.

Comme les déclinaisons, les inclinaisons observées dans les divers lieux du globe peuvent être représentées d'une manière synoptique par un système de courbes assez semblables aux parallèles terrestres, que l'on nomme *isoclines* ou lignes d'égale inclinaison (fig. 45). Il y en a une où l'inclinaison est nulle, où l'aiguille libre reste horizontale; cette ligne sans inclinaison, qui partage avec le parallèle moyen le nom d'*équateur magnétique*, court dans le voisinage de l'équateur terrestre, qu'elle coupe deux fois. A partir de l'équateur, l'inclinaison augmente jusqu'aux pôles magnétiques, où l'aiguille prend la direction verticale. John Roses a rencontré en 1832, sur la terre de Boothia-Felix, le pôle magnétique boréal, sous la latitude de 70°; l'aiguille d'inclinaison s'y tenait verticale, et la boussole y perdait sa direction fixe.

Lorsqu'on possède une bonne carte des isoclines, l'observation de l'inclinaison peut, dans une certaine

[1] On y a marqué en outre les lignes sans déclinaison par des traits ponctués. La carte a été dressée pour l'année 1836.

limite, faire connaître la latitude géographique. C'est toujours une ressource quand l'état du ciel ne permet pas l'observation des astres. A. de Humboldt a imaginé de tirer parti de ce moyen près des côtes du Chili et du Pérou, où règnent, pendant une partie de l'année, des brouillards intenses. Un moyen, même imparfait, d'obtenir la latitude est d'ailleurs d'autant plus utile dans ces parages, que les courants maritimes y rendraient difficile le retour vers le sud d'un navire qui, longeant la côte dans la direction du sud au nord, aurait dépassé le port.

Un autre système de courbes destinées à mettre en évidence la distribution du magnétisme terrestre est fourni par les *isodynames* ou lignes d'égale intensité de la force terrestre (fig. 46).

L'intensité augmente, comme l'inclinaison, de l'équateur aux pôles. Ce fait avait été constaté dès 1787 par Paul Lamanon, l'un des compagnons de l'infortuné Lapeyrouse, dont les instructions, rédigées par l'Académie des sciences de Paris, comprenaient la comparaison des intensités magnétiques dans les différentes régions du globe. Les observations ont été perdues, mais le résultat avait été annoncé par Paul de Lamanon dans une lettre adressée au marquis de Condorcet. Cinq ans plus tard, de Rossel, qui était parti avec l'amiral d'Entrecasteaux à la recherche de Lapeyrouse, trouve cette loi à son tour; mais ses observations ne furent publiées qu'en 1808, quand M. de Humboldt eut découvert la loi de son côté, pendant son voyage dans les régions équinoxiales de l'Amérique (1798-1803).

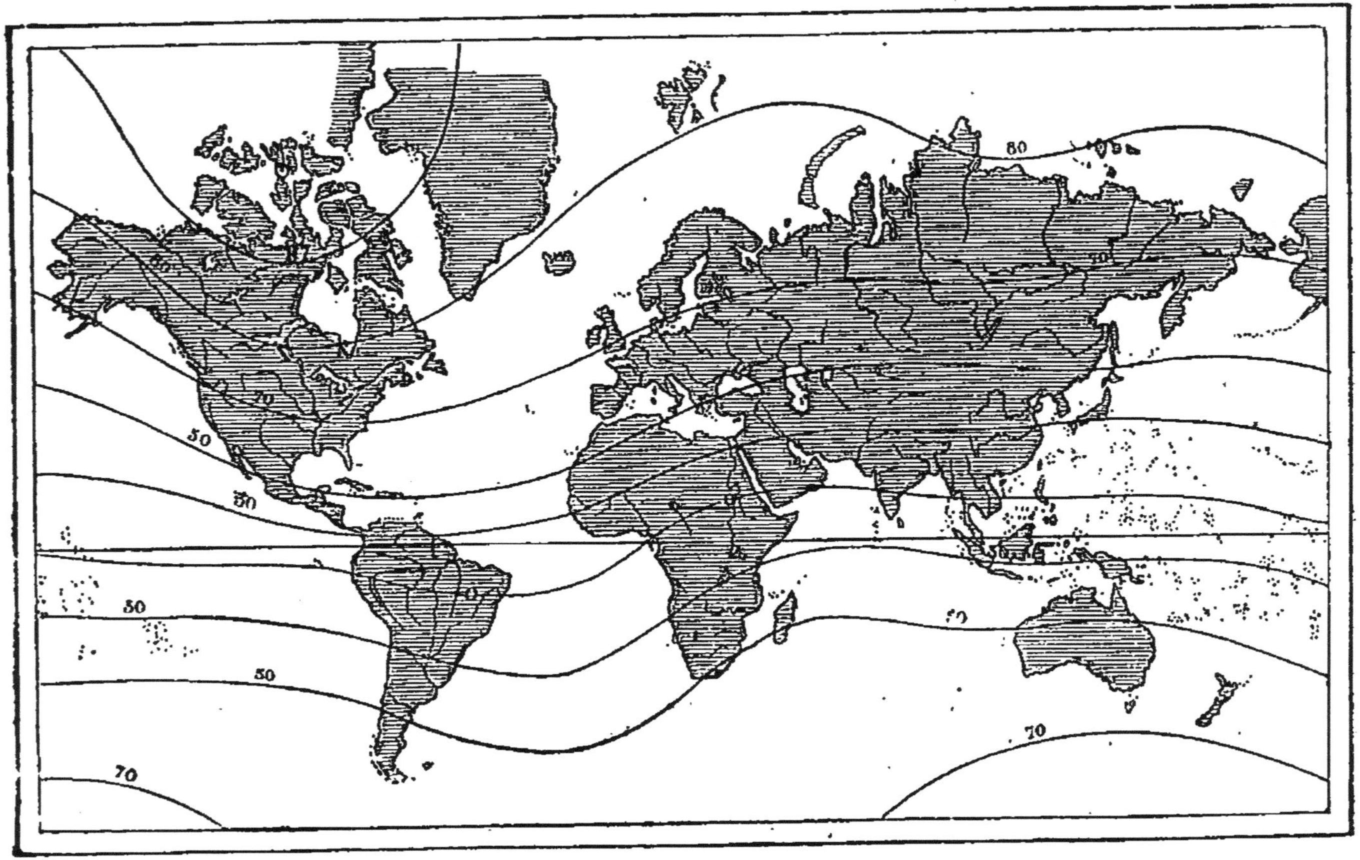

Fig. 45. — Carte des isoclines.

Ce dernier avait constaté qu'une aiguille aimantée qui faisait à Paris 245 oscillations en 10 minutes n'en faisait plus que 211 dans le même temps au Pérou, en un point situé par 7° de latitude australe. Il s'ensuivait que les intensités observées au Pérou et à Paris étaient dans le rapport de 3 : 4. Humboldt croyait qu'il avait rencontré un minimum; on convint de le prendre pour unité, à laquelle on ramena ensuite les intensités observées dans les régions diverses du globe. Plus tard, il est vrai, on trouva des points où l'intensité était encore plus faible qu'au Pérou, mais il fut décidé que l'on conserverait l'unité une fois adoptée.

Du côté du pôle nord, l'intensité magnétique offre deux maxima, l'un en Amérique, l'autre en Asie, et il en est peut-être de même du côté du pôle sud. Un coup d'œil jeté sur la carte (fig. 46) montre que les isodynames sont beaucoup plus irrégulières que les isoclines, et qu'elles diffèrent beaucoup de ces dernières. En revanche, il existe une étrange ressemblance entre les isodynames et les isothermes, ressemblance qui ferait supposer une étroite liaison entre les phénomènes magnétiques et la chaleur solaire.

Voici une application pratique assez inattendue de ces courbes. Les minerais de fer magnétiques en Suède se rencontrent souvent en masses limitées qui n'ont pas d'affleurement au jour; aussi la découverte d'une bonne partie des nouvelles mines est-elle due à l'emploi de la boussole, dont les ingénieurs suédois font un usage constant. Tout récemment M. Thalén a perfectionné ce moyen d'investigation de manière qu'il fait connaître non seulement l'existence, mais encore la puissance et la direction générale du gîte métallifère. On mesure en une série de points l'intensité horizontale du magnétisme terrestre par la déviation que l'aiguille éprouve sous l'action d'un aimant placé à une distance toujours la même, et l'on construit à l'aide de ces observations les lignes d'égale intensité. On obtient ainsi deux systèmes de courbes fermées qui entourent les deux points de plus grande et de plus petite déviation, et qui sont séparés par une ligne neutre. La ligne droite qui joint les deux foyers est la méridienne magnétique de la mine, dont elle indique la direction générale, l'étendue approximative, et même, jusqu'à un certain point, la profondeur sous le sol.

Depuis Gilbert, qui considérait la terre comme un vaste aimant, on a essayé de bâtir sur cette conception une foule de théories destinées à rendre compte des phénomènes de la déclinaison et de l'inclinaison. Plusieurs géomètres sont partis de l'hypothèse d'un aimant situé à l'intérieur du globe, ou bien, comme Hansteen, ils ont admis deux aimants de force inégale et de positions différentes. Gauss a retourné le problème : au lieu de partir d'une hypothèse sur les sources de la force magnétique du globe, il suppose que cette force est le résultat de masses magnétiques distribuées d'une manière quelconque, et dont la distribution est une des inconnues du calcul. Il arrive ainsi à une théorie complète des phénomènes du magnétisme terrestre, fondée essentiellement sur la considération du *potentiel*. Le potentiel est une fiction mathématique pour laquelle on peut, il est vrai,

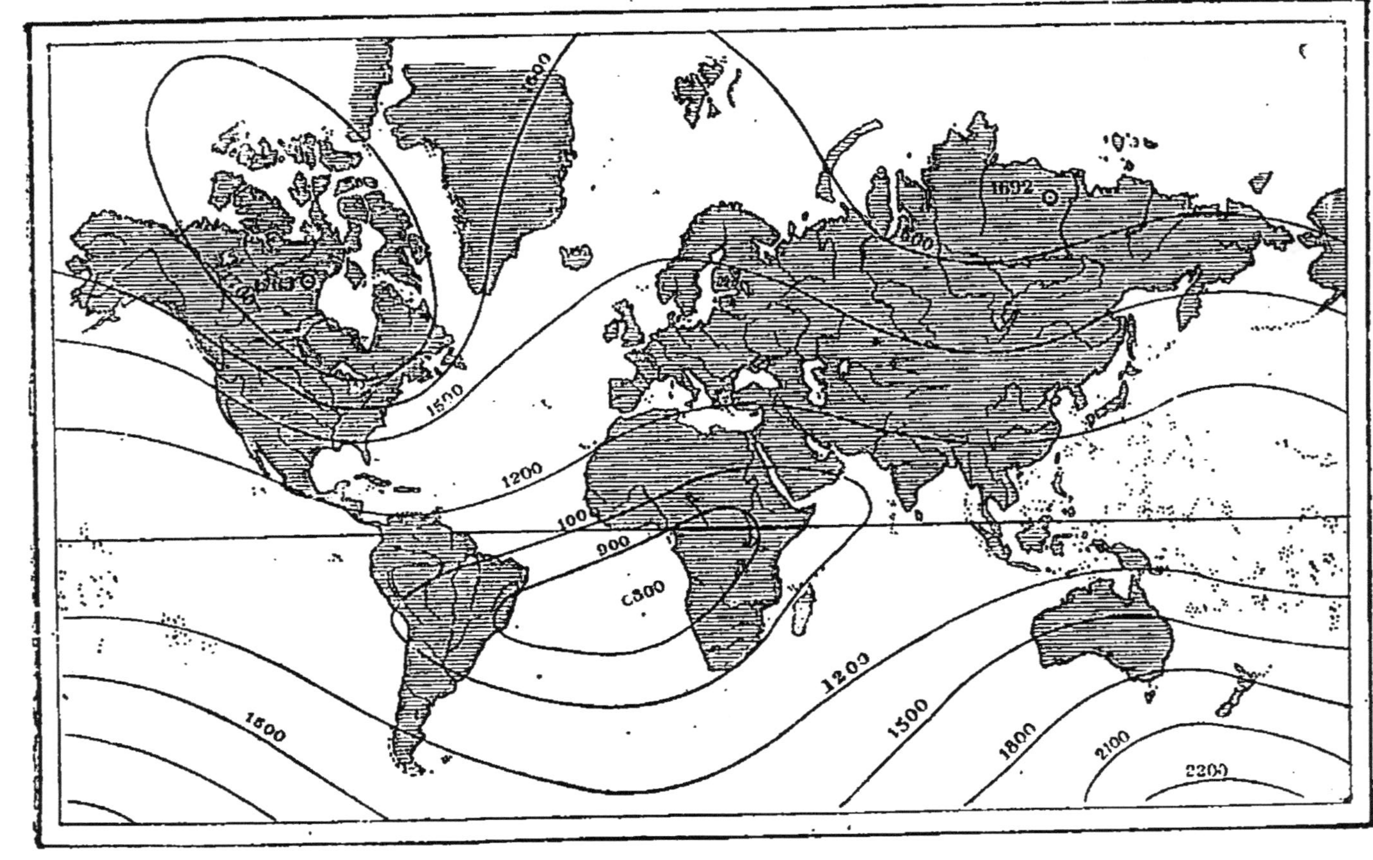

Fig. 46. — Carte des isodynames.

trouver diverses interprétations physiques, mais dont le principal avantage est de fournir immédiatement, par un calcul très simple, la valeur des trois composantes de la force terrestre. Les courbes qui relient les points où le potentiel a la même valeur sont les lignes *isostatiques* ou *lignes de niveau*. La direction de l'aiguille est toujours perpendiculaire aux lignes de niveau, qui sont par conséquent des *parallèles* magnétiques. La force horizontale est en raison inverse de la distance des deux lignes de niveau consécutives, si ces lignes correspondent à des différences constantes du potentiel. La force verticale peut également se déduire du potentiel, et l'on obtient ainsi à la fois la déclinaison, l'inclinaison et l'intensité totale.

Nos cartes (fig. 43, 45, 46, 47) représentent les isogones, les isoclines, les isodynames, et les lignes de niveau d'après l'Atlas publié en 1840 par Gauss et Weber. Ajoutons que la force magnétique du globe est évaluée par Gauss à 8500 quintillions de fois celle d'un aimant pesant 1 livre; chaque mètre cube de la terre vaut donc en moyenne 8 aimants de ce poids.

La direction que prend l'aiguille aimantée sous l'influence d'une attraction qui dans l'hémisphère boréal semble venir du nord, et dans l'autre hémisphère du sud, fait supposer l'existence de deux pôles magnétiques situés dans le voisinage des deux pôles terrestres. Avant les voyages d'exploration des navigateurs qui ont visité les régions circumpolaires, on n'avait d'autres moyens de déterminer ces pôles hypothétiques que de chercher les points de convergence des isogones ou des méridiens magnétiques qui se rapprochent à mesure qu'on arrive sous les hautes latitudes, — ou bien de chercher les centres des isoclines, qui se rétrécissent graduellement comme les parallèles terrestres. Malheureusement le système des isogones se prête mal à cette recherche. Nous avons déjà dit qu'elles doivent se croiser, non seulement dans les pôles magnétiques, mais encore dans les pôles terrestres. Aussi Halley se vit-il conduit à supposer quatre pôles magnétiques. Hansteen admit également l'existence de quatre pôles qui, selon lui, tournaient lentement autour des deux pôles terrestres, les deux pôles arctiques accomplissant leur révolution respectivement en 860 et 1740 ans, les deux pôles antarctiques en 1304 et en 4609 ans. Duperrey, en substituant aux lignes isogones ses méridiens magnétiques vrais, reconnut qu'il n'y avait réellement que deux pôles magnétiques. Il résulte d'ailleurs de la théorie de Gauss qu'il serait plus exact de parler de deux *régions polaires* où l'aiguille d'inclinaison est verticale et l'aiguille de déclinaison indifférente.

Parry, pendant sa seconde et sa troisième expédition polaire (1822-1825), approcha plusieurs fois du pôle magnétique boréal; il le dépassa même, car il vit les aiguilles des boussoles se retourner complètement. A un certain moment, les boussoles refusèrent le service; elles ne s'orientaient plus que d'après l'attraction du fer des navires, ou bien s'arrêtaient tout à fait. On était donc dans une région où la force horizontale était nulle, où la force terrestre s'exerçait dans une direction à peu près verticale. En effet, les inclinaisons observées à ce moment approchent de 89 degrés;

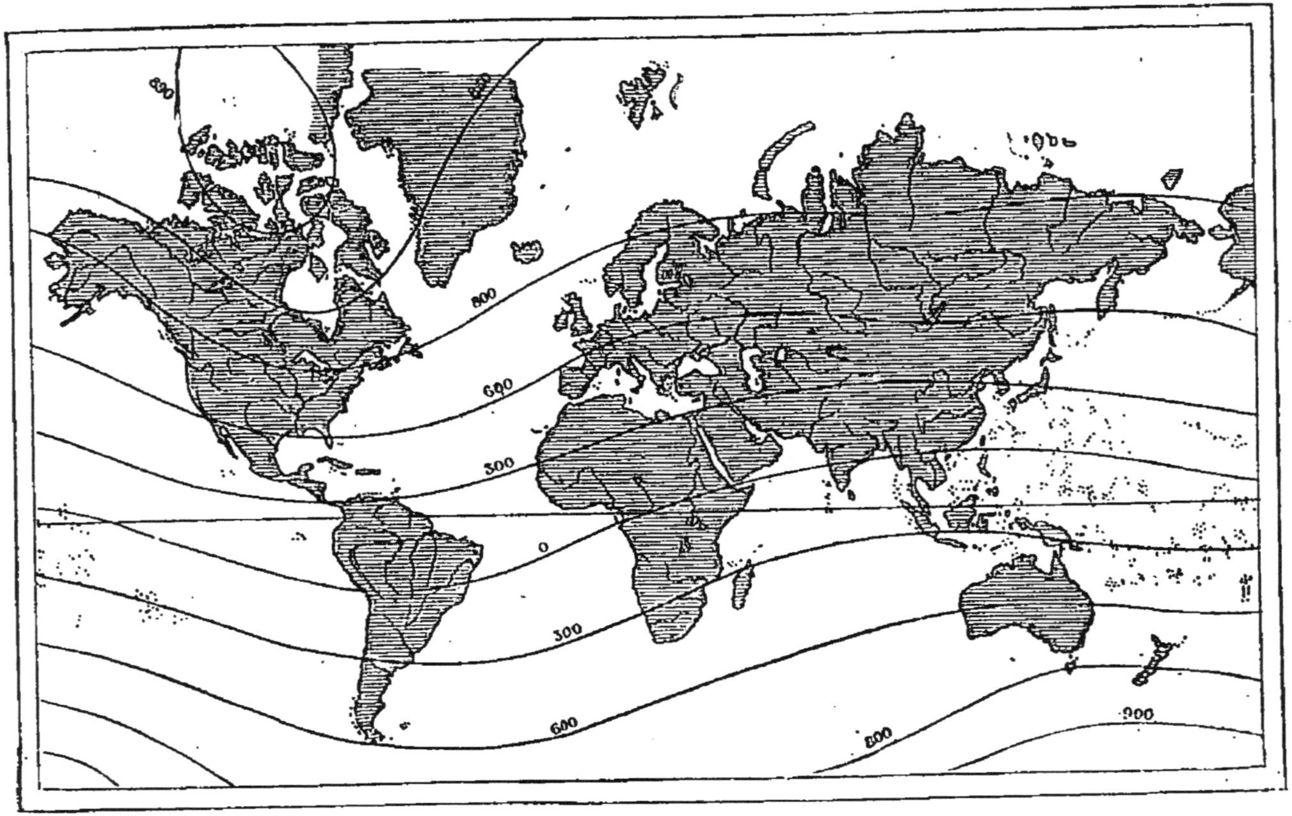

Fig. 47. — Lignes de niveau.

l'aiguille était presque droite. D'après les mesures que Parry avait pu faire à Port-Bowen, on fixa le pôle magnétique boréal par 70° de latitude et 90° de longitude à l'ouest de Greenwich. Cette position diffère peu de celle que Hansteen avait déduite de l'étude des isoclines pour son pôle magnétique américain.

En 1832, John Ross arriva, sur la côte sud-ouest de Boothia-Félix, dans la région même où l'aiguille prend la direction du fil à plomb. Cette région polaire a 1 mille de tour (1 kilomètre et demi). En la contournant il vit l'aiguille de déclinaison en désigner constamment le centre. Le pôle magnétique boréal, d'après Ross, se trouverait par 70°5 de latitude et 96°45′ de longitude à l'ouest de Greenwich (99° à l'ouest de Paris).

Le pôle magnétique austral n'a pas encore été reconnu directement. Cependant James Ross en a approché en 1841 de très près ; selon ses observations, ce pôle serait sur la terre Victoria, par 75° de latitude et 154° de longitude à l'est de Greenwich. Gauss le place sur le continent antarctique, à une distance d'environ 18 degrés du pôle sud, par 152° de longitude orientale. Dumont d'Urville et Wilke sont également arrivés dans le voisinage.

Toutes ces déterminations sont encore assez vagues ; elles montrent pourtant que les deux pôles ne sont point antipodiques l'un à l'autre. Nous avons d'ailleurs vu que l'intensité de la force terrestre offre *deux* maxima dans l'hémisphère boréal, l'un à l'ouest de la baie d'Hudson, l'autre au nord de la Sibérie ;

ces deux maxima sont tout à fait distincts du pôle magnétique boréal. Dans l'hémisphère austral, il semble qu'il y ait également deux points d'intensité maxima, mais plus rapprochés l'un de l'autre que les maxima de l'hémisphère boréal.

CHAPITRE VI

LES VARIATIONS MAGNÉTIQUES — LES OBSERVATOIRES

Les diverses courbes, — isogones, isoclines, isodynames, lignes de niveau, etc., — par lesquelles on représente les éléments magnétiques à la surface du globe, ne sont exactes que pour l'époque à laquelle les observations ont été faites. La direction et l'intensité de la force terrestre sont soumises à des changements incessants : la déclinaison et l'inclinaison augmentent ou diminuent, les pôles se déplacent, les courbes se déforment.

On distingue quatre sortes de variations : les *variations séculaires*, qui sont très lentes et semblent avoir des périodes déterminées dont la durée peut être de plusieurs siècles ; les *variations annuelles*, qui suivent le cours des saisons ; les *variations diurnes*, qui se règlent sur le mouvement diurne du soleil ; enfin les variations accidentelles ou *perturbations*, qui ne suivent aucune loi.

Les variations séculaires seules apportent aux éléments magnétiques des changements considérables ; les autres variations ne peuvent guère être constatées qu'à l'aide d'appareils très délicats.

Pour donner une idée des variations séculaires de la déclinaison, il nous suffira de citer quelques-unes des valeurs observées à Paris depuis trois siècles :

ANNÉES	DÉCLINAISON A PARIS		
1550	8° 0′	Est.	
1580	11° 30′	»	
1622	6° 30′	»	
1666	0°	»	
1700	8° 12′	Ouest.	
1750	17° 15′	»	
1790	22° 0′	»	
1814	22° 34′	»	(Maximum).
1835	22° 4′	»	
1850	20° 32′	»	
1864	18° 56′	»	
1874	17° 30′	»	
1879	16° 56′	»	

On voit que la déclinaison, d'abord orientale, diminue jusqu'en 1666, époque où, d'après Picard, elle a été nulle. A ce moment (c'est l'année de la fondation de l'Académie des Sciences), l'aiguille se dirigeait donc exactement vers le nord. A partir de 1666, la déclinaison devient occidentale et augmente jusqu'en 1814, époque où elle atteint un maximum ; depuis lors elle suit une marche décroissante. Vers le milieu du vingtième siècle, elle sera probablement nulle, puis elle repassera à l'est.

Bien qu'à Paris et à Londres on eût, dans la seconde moitié du seizième siècle, observé successivement des déclinaisons différentes de plusieurs degrés, on refusait encore de croire à la variabilité de cet élément, et l'on se contentait d'expliquer ces changements par l'imperfection des moyens d'observation. Il fallut, pour en faire admettre la réalité, les observations longtemps continuées de Hellibrand, qui avait à cet effet tiré, en 1625, une méridienne dans le jardin de Whitehall, à Londres, et notait exactement la marche rétrograde de l'aiguille aimantée. Cette longue variation séculaire une fois constatée et admise, on crut du moins qu'elle s'accomplissait d'une manière uniforme; mais on dut bientôt reconnaître qu'il n'en était rien. En 1683, un missionnaire jésuite, le P. Tachard, qui observait l'aiguille de déclinaison au Siam, s'aperçut qu'à peu de jours d'intervalle il obtenait des valeurs sensiblement différentes; puis l'opticien Graham, à Londres, découvrit en 1722 les variations diurnes de la déclinaison, et il fut reconnu que l'aiguille n'est pour ainsi dire jamais en repos. Elle tremble et s'agite sur son pivot comme une girouette qui indique les incessantes fluctuations de la force terrestre.

A travers les variations diurnes, dont l'amplitude dépasse rarement 15 ou 20 minutes d'arc, et dont la période est le jour, on distingue les oscillations plus lentes qui s'achèvent dans le cours d'une année et dont les phases coïncident avec les solstices et les équinoxes. En prenant pour chaque jour la moyenne des digressions maximum et minimum de l'aiguille, on obtient en effet sa position moyenne par rapport au méridien : or la comparaison de ces moyennes diurnes, et surtout des moyennes mensuelles, montre clairement que l'aiguille a une période annuelle qui dépend des saisons. Dans l'Europe occidentale, le pôle nord de l'aiguille se rapproche graduellement du méridien en marchant vers l'est depuis l'équinoxe de printemps jusqu'au solstice d'été; puis l'aiguille rétrograde vers l'ouest, mais plus lentement, car elle emploie le reste de l'année, huit ou neuf mois, à revenir à son point de départ. C'est vers la fin de l'hiver qu'elle atteint sa plus grande digression occidentale.

Les variations diurnes de l'aiguille de déclinaison dépendent évidemment de la marche du soleil. Dans notre hémisphère, le pôle nord de l'aiguille se déplace vers l'ouest depuis huit heures du matin jusqu'à une heure ou deux heures de l'après-midi; puis l'aiguille revient sur ses pas avec une vitesse qui se ralentit beaucoup après le coucher du soleil, de sorte qu'elle semble rester stationnaire pendant la nuit pour reprendre sa marche rétrograde vers l'est au point du jour. A huit heures, l'oscillation de retour est achevée, et l'aiguille recommence à marcher vers l'ouest.

Dans l'hémisphère austral, les mouvements de l'aiguille se produisent en ordre inverse; là, c'est le pôle sud qui marche vers l'ouest depuis le matin jusqu'à deux heures de l'après-midi, et revient en arrière pendant le reste du jour. La fig. 48 représente les courbes de ces variations diurnes de la déclinaison telles qu'on les observe à Toronto (51° de latitude nord) et à Hobarton (43° de latitude sud).

L'amplitude de ces oscillations diffère beaucoup d'un jour à l'autre. Sous nos climats, l'amplitude totale est en moyenne de 10 minutes d'arc; mais elle est beaucoup plus faible en hiver qu'en été. Au mois de décembre, elle ne dépasse guère 5 ou 6 minutes, tandis qu'au printemps et pendant l'été elle atteint 12 et 15 minutes. Enfin l'amplitude des variations diurnes augmente avec la latitude; elle est beaucoup plus considérable dans les contrées voisines des deux

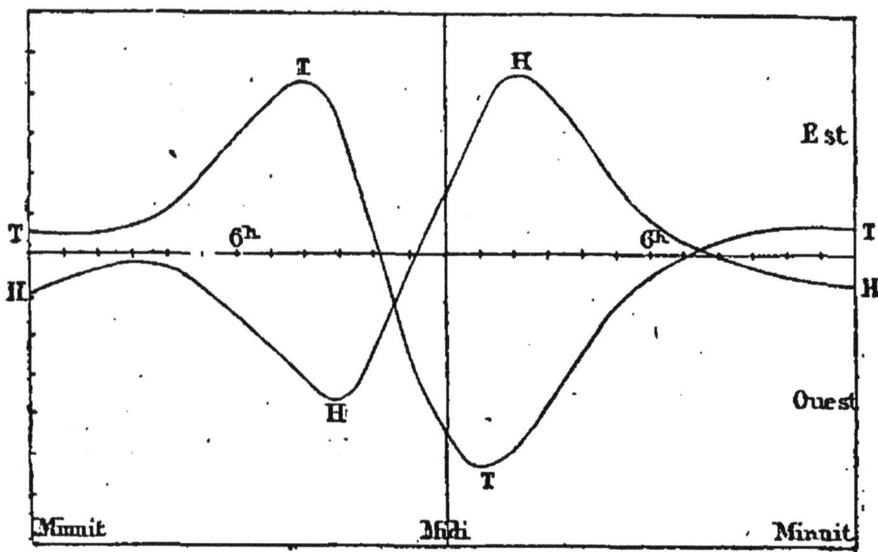

Fig. 48. — Variation diurne de la déclinaison (Toronto et Hobarton).

pôles que dans les régions tropicales, où les mouvements de l'aiguille deviennent en outre très irréguliers quand le soleil se trouve tour à tour au nord et au sud du zénith.

En dehors des variations diurnes, qui, du moins sous les latitudes moyennes, laissent manifestement reconnaître une période de vingt-quatre heures, l'aiguille aimantée subit encore des déplacements brusques, parfois considérables, que l'on appelle *per-*

turbations, et qui le plus souvent se font sentir *simultanément* sur tous les points du globe, tandis que les variations diurnes dépendent du temps local, et par conséquent ne sont simultanées que pour les stations situées sous le même méridien. Pour reconnaître au milieu de ces anomalies les phases assez régulières de la variation diurne, il faut prendre la moyenne d'un grand nombre d'observations. Les perturbations se révèlent par leur caractère irrégulier, et on les distingue facilement lorsqu'on entreprend la comparaison des tracés obtenus en des stations différentes. Nous y reviendrons plus loin.

Les observations relatives à l'inclinaison sont plus difficiles à faire, et celles des siècles derniers n'offrent point une précision suffisante pour qu'on puisse déterminer avec certitude la grandeur de la variation séculaire. Voici quelques-uns des résultats obtenus à Paris; on voit que l'inclinaison y diminue constamment :

ANNÉES	INCLINAISON A PARIS
1671	75° 0′
1776	72° 25′
1791	70° 52′
1813	68° 36′
1835	67° 24′
1850	66° 37′
1864	66° 1′
1879	65° 52′

L'inclinaison est soumise, comme la déclinaison, à des variations annuelles et diurnes. On a constaté qu'elle est plus grande le matin que le soir. Il paraît enfin que l'intensité offre également des variations périodiques; mais les lois de ces variations n'ont pas encore été assez étudiées pour qu'il y ait intérêt à les indiquer ici.

Cette perpétuelle mobilité qui caractérise les phénomènes du magnétisme terrestre en rendrait l'étude approfondie impossible, si l'on se bornait à recueillir les observations isolées faites de ci de là au hasard d'un voyage ou dans le cabinet d'un physicien de bonne volonté. Il a fallu en venir à l'établissement d'observatoires permanents, distribués sur un grand nombre de points du globe.

Dès 1806, A. de Humboldt avait entrepris de suivre les mouvements de l'aiguille aimantée pendant cinq ou six jours sans interruption, et il avait constaté toutes sortes de perturbations singulières. De 1828 à 1830, il provoqua des observations simultanées en plusieurs stations, à Paris, à Berlin, dans les mines de Freyberg en Saxe, où l'aiguille était installée à une profondeur de 66 mètres, à Kasan, Nicolaïev, Saint-Pétersbourg, à Marmato en Colombie. Les observations de Freyberg prouvèrent que les variations conservaient le même caractère à une certaine profondeur au-dessous du sol, résultat que d'ailleurs Cassini avait déjà obtenu au siècle dernier en étudiant les variations de l'aiguille dans les caves de l'Observatoire de Paris, qui ont une profondeur de 28 mètres. A la même époque, le gouvernement russe chargea M. Kupffer d'organiser des stations d'observation jusqu'en Sibérie.

Peu à peu prenait racine dans les esprits cette conviction, qu'il n'était pas possible de laisser plus longtemps à l'écart une force naturelle dont les effets se manifestent sur toute la surface du globe et dont on ne connaissait encore ni la source ni les lois, ni, pour ainsi dire, les tenants et les aboutissants. Le célèbre géomètre Gauss conçut, vers 1832, l'idée de fonder une association qui se proposerait pour but de faire, à des époques fixes de l'année, des observations simultanées sur un grand nombre de points. L'*Union magnétique* eut pour centre l'Observatoire de Gottingue; c'est de là que partait le mot d'ordre, et les heures étaient partout comptées du méridien de la station-mère. On adopta six époques ou *termes d'observations*, concertés à l'avance. Les observations devaient être faites de 5 en 5 minutes et commencer à 10 heures du soir pour être continuées sans interruption pendant vingt-quatre heures, jusqu'au soir du jour suivant.

L'Union commença ses travaux en 1834, et compta bientôt vingt-sept stations dans les divers pays de l'Europe; elle a fonctionné pendant huit ans. On se bornait à noter les variations de la déclinaison. En 1836 parut pour la première fois l'annuaire spécial, publié par Gauss et Weber, où les résultats de ces observations sont figurés par des courbes. Les tableaux (fig. 52 et 53) représentent quelques-uns des tracés du 28-29 mai et du 27-28 août 1841 [1].

[1] Une entreprise analogue a été tentée, sur une échelle plus vaste, en 1870, grâce à l'initiative de M. Diamilla-Muller. Du 29 au 30 août, pendant vingt-quatre heures, des observations simultanées de la déclinaison ont été faites en 250 stations, et la tentative doit être renouvelée.

Les deux expéditions envoyées dans le nord par le gouvernement français et le gouvernement suédois de 1835 à 1838, le voyage de J. Ross au pôle austral en 1839, où des observations correspondantes furent instituées en huit ou dix stations différentes, contribuèrent à élucider les questions relatives au magnétisme terrestre. En 1840, la Société royale de Londres et l'Association britannique pour l'avancement des sciences prirent l'initiative de la fondation d'observatoires magnétiques permanents dans les colonies anglaises. L'Angleterre a aujourd'hui des observatoires bien installés à Greenwich et à Kew, à Dublin, à Stonyhurst, à Toronto (Canada), à Sainte-Hélène, au cap de Bonne-Espérance, à Hobarton (Van-Diemen), à Madras, Bombay, Trivandéram, dans l'Inde. La Russie en possède à Pétersbourg, Kasan, Catherinenbourg, Barnaoul, Nertchinsk, Pékin. Parmi les autres stations où l'on suit régulièrement la marche de l'aiguille aimantée, il suffit de citer Paris, Marseille, Bruxelles, Rome, Prague, Munich, Cambridge (États-Unis).

Un observatoire magnétique est une salle rectangulaire dans la construction de laquelle il n'entre point de fer, et dont on éloigne à l'extérieur toute masse un peu considérable de fer. Les observateurs eux-mêmes ne gardent sur eux ni clefs, ni couteaux, ni boutons d'acier. Des croisées doubles empêchent le vent de se faire sentir à l'intérieur. Sur le plancher est tracée la méridienne magnétique. Au centre de la salle est un pilier, isolé du plancher, pour recevoir un théodolite.

Pour étudier les petits changements que la déclinaison éprouve dans le cours d'une journée, on s'est servi longtemps d'un instrument très sensible, appelé *boussole des variations*. Un barreau aimanté, suspendu par des fils de cocon, et portant à ses extrémités deux plaques d'ivoire sur lesquelles sont tracées des divisions, oscille dans une boîte vitrée, sous deux microscopes à l'aide desquels on compte les oscillations et on mesure le déplacement total du barreau. Dans les observatoires magnétiques, on emploie aujourd'hui des instruments perfectionnés qui permettent d'atteindre à une grande précision, grâce à un artifice très simple dont voici en deux mots le principe. Pour amplifier les mouvements du barreau aimanté, on y attache un petit miroir où viennent se réfléchir les divisions d'une échelle placée à une certaine distance, près d'une lunette qui est dirigée sur le miroir. La moindre oscillation du miroir produit un déplacement considérable de l'image de l'échelle, et l'on voit défiler dans le champ de la lunette les divisions qui mesurent ce déplacement.

Le *déclinomètre* de Gauss, qui est fondé sur ce principe, se compose d'un barreau aimanté horizontal, suspendu au plafond de la salle d'observation par un paquet de fils de cocon, et muni d'un miroir à l'une de ses extrémités ou à son centre (fig. 49). Pour en amortir un peu les incessantes oscillations, on pose en travers sur le barreau une règle de bois lestée de deux poids mobiles. Quand le barreau oscille, on prend la moyenne des deux écarts à droite et à gauche de la position d'équilibre.

Le *magnétomètre bifilaire* de Gauss sert à mesurer

l'intensité de la force horizontale qui tend à ramener

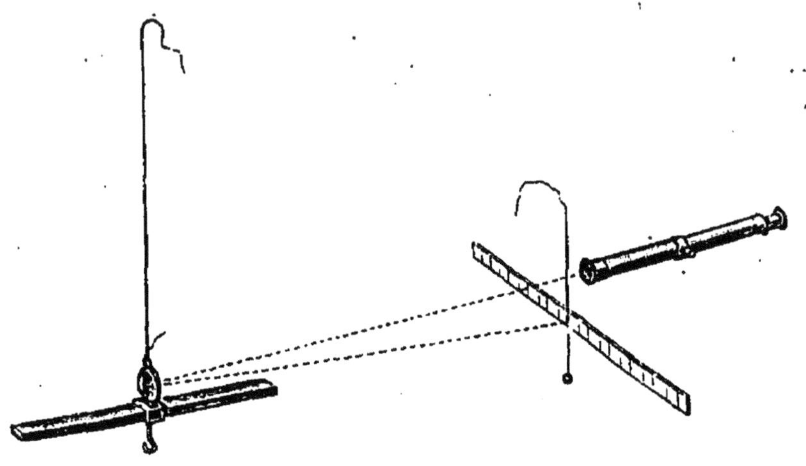

Fig. 49. — Déclinomètre.

l'aiguille dans le méridien magnétique lorsqu'elle en a été écartée. C'est un barreau aimanté suspendu par deux fils métalliques parallèles dans une position horizontale et perpendiculaire au méridien magnétique, — position où la force directrice du globe a son maximum d'action. Par l'effort qu'elle fait pour tourner le barreau dans le méridien, elle écarte les deux fils de la verticale, et il en résulte que le barreau est soulevé; l'équilibre a lieu quand la tension des fils, qui tend à ramener le barreau dans

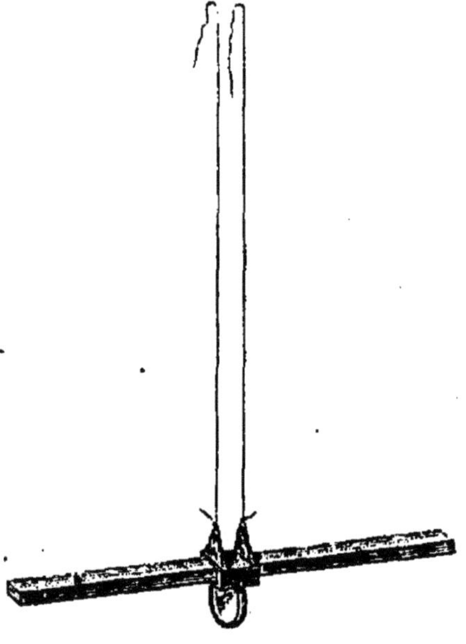

Fig. 50. — Bifilaire.

sa position initiale, est contre-balancée par la force directrice, qui tend à l'en faire sortir. Les changements qui surviennent dans la position du barreau se mesurent, comme précédemment, par la méthode du miroir.

Le *magnétomètre balance*, imaginé par le docteur Lloyd, de Dublin, sert à mesurer les variations de la force verticale. C'est un barreau aimanté horizontal qui repose par un couteau sur un plan d'agate, comme le fléau d'une balance (fig. 51). Un miroir fixé au centre du barreau réfléchit les divisions d'une échelle verticale et permet d'observer les petites oscillations du barreau, qui a été d'abord amené dans une position horizontale au moyen d'un contre-poids.

Fig. 51. — Magnétomètre balance.

Du rapport de la force horizontale et de la force verticale on peut déduire l'inclinaison, si on ne préfère pas la mesurer directement.

Après avoir fait pendant quelques années, à l'aide de ces instruments, des observations de deux heures en deux heures, on adopta à Greenwich le procédé photographique imaginé par MM. Ronalds et Brook, qui rapporta aux deux inventeurs le prix de 500 livres sterling promis par le gouvernement anglais pour un procédé qui épargnerait un si pénible travail. Dans les appareils enregistreurs, le miroir réfléchit non plus l'image d'une échelle divisée, mais un faisceau lumineux envoyé par un bec de gaz à travers la fente d'une cheminée opaque qui l'entoure. Pour concentrer le faisceau, on emploie un miroir concave, et l'image qu'il forme tombe sur une feuille de papier photographique appliquée sur un cylindre tournant, où elle dessine une courbe sinueuse.

Les premières observations magnétiques faites à l'Observatoire de Paris remontent à l'époque où l'aiguille, après avoir pointé droit au nord, commençait à s'en écarter vers l'ouest. Le 21 juin 1667, sur l'emplacement où l'Observatoire devait être bâti, les académiciens trouvèrent une déclinaison occidentale de 15′. A partir de cette époque, la déclinaison a été observée assez régulièrement par Picard, La Hire, Maraldi, Fouchy, Cassini, qui ont laissé une série de mesures embrassant un intervalle d'environ 120 ans. L'inclinaison n'a été déterminée qu'un petit nombre de fois. En 1806, Arago commença une nouvelle série d'observations avec des boussoles de Lenoir et de Gambey. Depuis 1873, les observations se continuent à Montsouris. Cet observatoire possède, en premier lieu, une boussole de déclinaison, une boussole d'inclinaison et une boussole des intensités (boussole d'oscillation) pour les déterminations absolues; en second lieu, une boussole des variations en déclinaison, une boussole des variations en inclinaison, et un bifilaire, pour l'étude des changements périodiques ou accidentels des éléments magnétiques; enfin, trois appareils destinés à l'enregistrement photographique de ces variations. La boussole des intensités et les trois instruments destinés à l'observation directe des variations sont installés sur des piliers, dans un pavillon magnétique. Les trois enregistreurs (un déclinomètre et deux bifilaires qui indiquent, l'un les variations de la force horizontale, l'autre celles de la force verticale) sont placés dans une cave.

Les variations de la force verticale s'observent ici au moyen de cylindres de fer doux, placés verticalement, qui s'aimantent par influence, et qu'on fait agir sur une aiguille horizontale. C'est le principe déjà employé dans le théodolite-boussole de Lamont, qui a servi de modèle aux boussoles de voyage dont on fait maintenant usage pour la détermination rapide des constantes magnétiques. On trouvera la description détaillée de tous ces instruments dans l'*Annuaire de l'Observatoire de Montsouris*, qui renferme aussi, depuis quelques années, une carte magnétique de la France, où les isogones sont tracées de degré en degré.

Delambre et Méchain d'abord, plus tard (1806) Humboldt et Arago, avaient déjà déterminé les constantes magnétiques pour divers points de la France; mais c'étaient des données isolées. Le premier travail d'ensemble est dû à Lamont, qui a essayé de dresser pour la France, comme il l'avait fait pour l'Allemagne, des cartes magnétiques à l'aide d'une trentaine d'observations effectuées en 1857. Ce travail fut repris en 1868 et en 1869 par les RR. PP. Perry et Sidgreaves. En 1875, le Bureau des longitudes ayant décidé que la carte magnétique de la France serait désormais rectifiée chaque année, MM. Marié-Davy et Descroix entreprirent, le premier une excursion de Paris à la Méditerranée, le second une excursion de Nancy à Brest, qui ont fourni les données pour la carte publiée dans l'*Annuaire de Montsouris*. Les opérations ont été reprises en 1876. Voici quelques nombres empruntés à l'*Annuaire* :

DÉCLINAISON (juin 1876).

Brest.	20° 23′
Londres.	19° 4′
Bordeaux.	17° 45′
Paris.	17° 19′
Bruxelles.	16° 47′
Lyon.	15° 37′
Genève.	15° 9′
Marseille.	15° 1′
Nice.	14° 18′

CHAPITRE VII

ORAGES MAGNÉTIQUES.—AURORES POLAIRES

L'emploi d'appareils aussi sensibles que les magnétomètres de Gauss a mis en évidence l'agitation continuelle de l'aiguille aimantée. Plus de doute désormais : le magnétisme terrestre est dans un état perpétuel de fluctuation, comme les flots de la mer. A côté des grands *orages magnétiques*, comme les appelle M. de Humboldt, qui se font sentir d'un pôle à l'autre, il existe aussi des tempêtes locales qui ne s'étendent que sur des surfaces restreintes.

Les tracés publiés par l'Union magnétique révèlent dans les perturbations que subit l'aiguille aimantée un parallélisme frappant. Le même écart est généralement constaté au même instant sur tous les points situés sous le même méridien, seulement l'amplitude diminue lorsqu'on approche de l'équateur, et d'un hémisphère à l'autre le sens du mouvement est renversé. Pour les stations qui ont des longitudes différentes, mais qui sont situées sous le même parallèle, on remarque des rapports analogues : lorsqu'une forte perturbation a été notée quelque part, on la retrouve de plus en plus affaiblie en allant vers l'est ou vers l'ouest, elle est presque éteinte par une différence de longitude de 90 degrés, puis elle reparaît en sens inverse sous le méridien opposé (où la différence est de 180

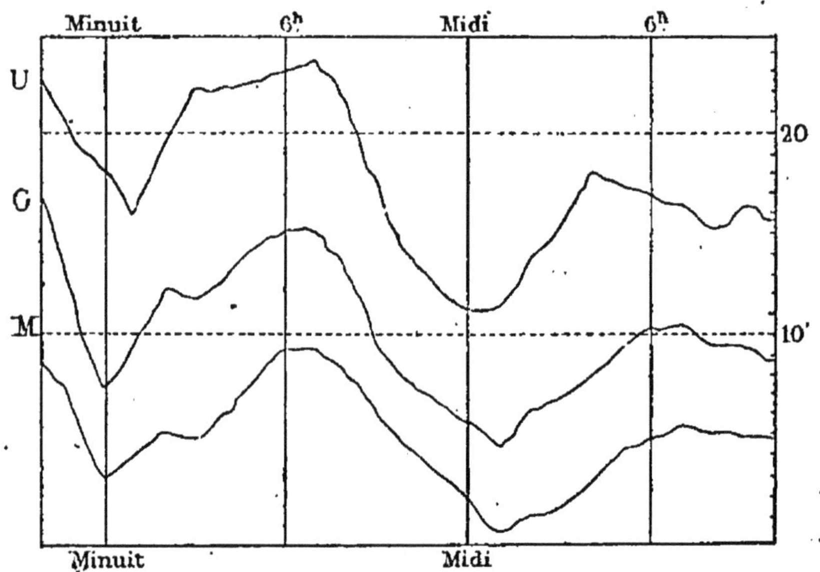

Fig. 52. — Variations du 28 au 29 mai 1841 (Upsal, Gœttingue, Milan).

degrés), comme on peut s'en convaincre en comparant les tracés de Toronto (Canada) à ceux de Nertchinsk (Sibérie orientale).

La figure 52 montre la concordance des variations horaires notées du 28 au 29 mai 1841, à Upsal, à Gœttingue et à Milan (à peu près sous le même méridien) ; nous supprimons, faute de place, les variations intermédiaires. Dans la figure 53, nous avons réuni les variations notées du 27 au 28 août 1841 à

Toronto, à Milan, au cap de Bonne-Espérance et à Nertchinsk. On voit qu'à 11 heures du matin (temps de Gœttingue) une forte perturbation a été constatée à Toronto et à Nertchinsk, mais que l'aiguille marchait vers l'ouest à Toronto, et à Nertchinsk vers l'est. Il était alors environ 5 heures du matin à Toronto et 6 heures du soir à Nertchinsk. A Milan et au Cap. cette perturbation n'existe pas. Le tracé du Cap, si on le *renverse,* ressemble beaucoup à celui de Milan.

Quelles sont les causes qui produisent les perturbations magnétiques, les *affolements* de l'aiguille, comme les appellent les marins? Il est certain que les courants d'air n'y sont pour rien; par les ouragans les plus forts, on voit souvent l'aiguille rester en repos parfait. Les orages ordinaires ne l'affectent pas davantage. En 1842, M. Lamont, un jour, avait l'œil collé à la lunette du magnétomètre au moment où la foudre tomba à peu de distance de l'Observatoire; l'aiguille ne bougea pas.

Les tremblements de terre, les éruptions volcaniques, paraissent au contraire souvent s'accompagner de perturbations magnétiques. Bernoulli, en 1767, vit l'inclinaison diminuer d'un demi-degré à la suite d'une secousse terrestre. Alexandre de Humboldt a également constaté que l'inclinaison de l'aiguille avait diminué de près d'un degré après le tremblement de terre de Cumana (4 novembre 1799). Le P. della Torre vit, pendant une éruption du Vésuve, la déclinaison changer de plusieurs degrés : il est vrai que des mouvements brusques de ce dernier genre peuvent s'expliquer, dans beaucoup de cas, par les soubresauts

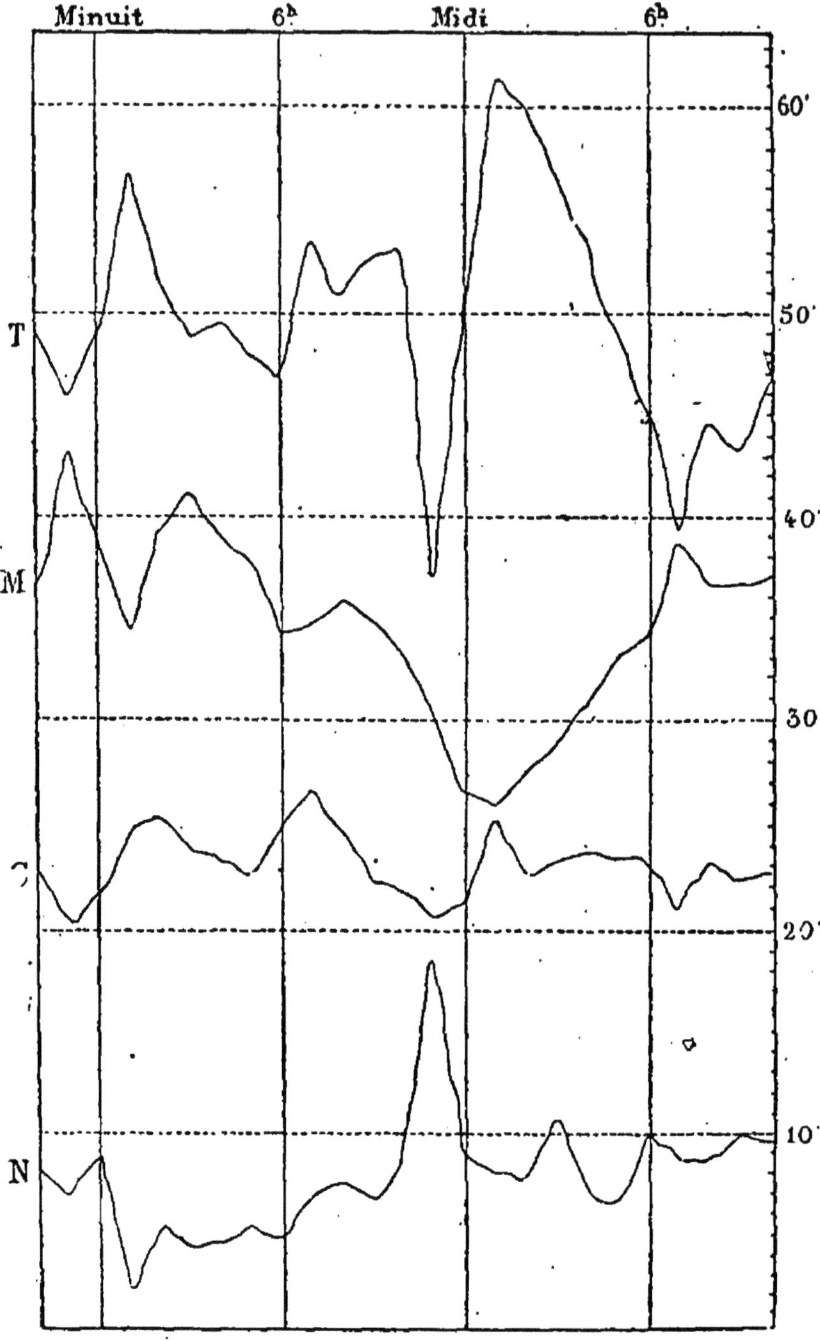

Fig. 53. — Variations du 27 au 28 août 1841
(Toronto, Milan, Cap, Nertchinsk).

qu'éprouvent à de tels moments tous les objets facilement mobiles ; mais l'on a aussi des observations très précises qui ne permettent pas une pareille explication. Ainsi, le 23 février 1828, à 8 heures du matin, l'ingénieur Zobel, engagé dans une opération d'arpentage au fond d'une mine de charbon, près de Muhlheim, à 50 mètres au-dessous du sol, ne put continuer son travail parce que l'aiguille de sa boussole, subitement affolée, faisait des oscillations de 180 degrés qui la renversaient bout pour bout, et paraissait même s'incliner tout en oscillant. Remonté au jour, il apprit qu'à la même heure on avait éprouvé, dans cette région, un tremblement de terre ; ni lui, ni les ouvriers de la mine, n'en avaient rien senti, l'aiguille seule avait accusé l'agitation des forces souterraines.

De même à Prague, le 18 avril 1842, à 9 h. 10 m., M. Kreil était en train d'observer la déclinaison, quand tout à coup une brusque déviation du barreau aimanté fit défiler toutes les divisions sous le réticule et sortir l'échelle du champ de la lunette. La même oscillation fut notée au même instant par M. Lamont à Munich et par M. Cella à Parme. Elle coïncidait avec un fort tremblement de terre qui eut lieu en Grèce à la même minute.

En somme, les tremblements de terre ne produisent que des perturbations locales qui s'étendent sur un rayon plus ou moins étendu, et on cite des cas (comme le tremblement de terre de Pignerol, en 1808) où l'aiguille aimantée n'a paru éprouver aucun dérangement particulier, malgré les secousses qui agitaient le sol. M. Erman, le 8 mars 1829, à Irkousk, a constaté, peu de minutes après plusieurs secousses assez fortes, que la déclinaison n'avait subi aucun changement.

Le météore qui présente les rapports les plus étroits avec les perturbations magnétiques, c'est l'aurore polaire.

Sous nos climats tempérés, on aperçoit assez fréquemment, dans la direction du pôle, une vague lueur, faible reflet du splendide météore qui illumine la nuit polaire. De temps à autre, mais rarement, l'aurore boréale est assez intense pour offrir à toute l'Europe le spectacle d'une de ces conflagrations du ciel qui remplissent les âmes superstitieuses de terreur. C'est en Écosse, en Suède, en Norvége, dans l'Amérique du Nord et surtout en Laponie, que l'aurore se montre dans toute sa beauté. Du mois de septembre 1838 au mois d'avril 1839, dans l'espace de 206 jours, la Commission scientifique française, envoyée dans le nord sous la direction de M. Gaymard, a compté, sur la côte septentrionale de la Norvège (sous le 70e degré de latitude), 153 aurores boréales, et sur ce nombre, 64 avaient été notées pendant la longue nuit de 70 fois vingt-quatre heures qui dura du 17 novembre au 25 janvier. On avait fini par attendre le retour périodique de l'aurore comme un phénomène régulier, et par s'étonner d'un retard ou de l'absence de cette illumination qui remplaçait le soleil.

Dans l'hémisphère sud, on a un phénomène analogue, dont le siège est au pôle austral, et souvent l'apparition de l'*aurore australe* coïncide avec celle d'une aurore boréale particulièrement intense. Sur 34 aurores australes observées à Hobarton, dans la Tasmanie, de 1841 à 1848, 29 coïncidaient avec des aurores boréales signalées soit en Europe, soit en Amérique, et toutes furent accompagnées de perturbations de l'aiguille dans les stations de l'hémisphère nord.

Voici comment l'un des membres de l'expédition, M. Charles Martins, résume ses impressions :

« Tantôt les aurores sont de simples lueurs diffuses ou des plaques lumineuses, tantôt des rayons frémissants d'une éclatante blancheur, qui parcourent tout le firmament en partant de l'horizon, comme si un pinceau invisible se promenait sur la voûte céleste ; quelquefois il s'arrête, les rayons inachevés n'atteignent pas le zénith, mais l'aurore se continue sur un autre point ; un bouquet de rayons s'élance, s'élargit en éventail, puis pâlit et s'éteint. D'autres fois, de longues draperies dorées flottent au-dessus de la tête du spectateur, se replient sur elles-mêmes de mille manières, et ondulent comme si le vent les agitait. En apparence, elles semblent peu élevées dans l'atmosphère, et l'on s'étonne de ne pas entendre le frôlement des replis qui glissent l'un sur l'autre. Le plus souvent un arc lumineux se dessine vers le nord ; un segment noir le sépare de l'horizon, et contraste par sa couleur foncée avec l'arc, d'un blanc éclatant ou d'un rouge brillant, qui lance les rayons, s'étend, se divise, et représente bientôt un éventail lumineux qui remplit le ciel boréal. Cet éventail monte peu à peu vers le zénith, où les rayons, en se réunissant, forment une couronne qui, à son tour, darde des jets lumineux dans tous les sens. Alors le ciel semble une coupole de feu : le bleu, le vert, le jaune, le rouge, le blanc, se jouent dans les rayons palpitants de l'aurore ; mais ce brillant spectacle dure peu d'instants. La couronne cesse d'abord de lancer des jets lumineux, puis s'affaiblit peu à peu : une lueur diffuse remplit le ciel ; çà et là quelques plaques lumineuses, semblables à de légers nuages, s'étendent et se resserrent avec une incroyable activité, comme un cœur qui palpite. Bientôt elles pâlissent à leur tour ; tout se confond et s'efface : l'aurore semble être à son agonie. Les étoiles, que sa lumière avait obscurcies, brillent d'un nouvel éclat, et la longue nuit polaire, sombre et profonde, règne de nouveau en souveraine sur les solitudes glacées de la terre et de l'Océan. »

Les Canadiens donnent à ces rayons, qui sans cesse s'élancent et retombent, le nom de *merry dancers* (joyeux danseurs). L'éclat des aurores est souvent considérable. Bravais rapporte qu'il pouvait lire à cette lumière une page imprimée en petit texte, presque aussi aisément qu'à la clarté de la pleine lune.

L'aurore boréale est-elle, comme on le dit, un orage muet? Les habitants des régions hyperboréennes affirment que les aurores boréales sont accompagnées d'un bruissement particulier. Gmelin rapporte qu'en Sibérie, d'après les récits des indigènes, le bruit de l'aurore boréale est comparable à celui d'un feu d'artifice, et qu'il épouvante les chiens des chasseurs de renards bleus. C'est là, sans aucun doute, une exagération

Fig. 54. — Aurore boréale.

ridicule ; mais l'on ne saurait absolument repousser les nombreux témoignages d'observateurs sérieux qui affirment avoir entendu eux-mêmes dans certains cas une faible crépitation comme d'une succession d'étincelles électriques, ou un bruit comme celui d'un drapeau qui flotte au vent ou bien comme celui qu'on produit en froissant une étoffe de soie. Brewster lui-même disait avoir perçu un jour, en 1801, cette crépitation électrique.

Voici d'ailleurs à ce sujet les conclusions d'un mémoire publié par un médecin islandais, le docteur Hjaltalin, qui avait observé attentivement plus de 300 aurores boréales : « Le bruit qui accompagne les aurores, dit M. Hjaltalin, ne se perçoit que rarement; je l'ai entendu six fois sur cent. Il ressemble à un bruissement sourd, uniforme, à une sorte de pétillement électrique; il se remarque surtout par un temps calme et serein, lorsqu'il y a beaucoup de mouvement dans l'aurore et lorsque sa couleur est blanchâtre avec de brusques changements en rouge, jamais pendant les aurores franchement rouges, qui ont aussi beaucoup moins d'influence sur l'aiguille aimantée. L'électricité atmosphérique augmente pendant les aurores, et l'air se remplit d'ozone. Tous les objets, ainsi que les hommes et les animaux (surtout les chats), qui ont séjourné à l'air libre pendant une grande aurore, exhalent une forte odeur d'ozone, dès qu'ils entrent dans un appartement chauffé. Si alors on met sécher à l'air de la toile nouvellement lavée, les femmes qui la plient et la repassent ensuite prennent souvent un coryza. »

Ce qui complique la question du bruit auroral, c'est que des observateurs attentifs qui ont vu des aurores boréales par centaines n'ont jamais entendu la moindre trace d'un bruit particulier. Ainsi Franklin dit qu'il a observé 343 aurores, pendant son séjour sur les rives du lac des Ours, et qu'avec la meilleure volonté du monde il n'a jamais pu percevoir le mystérieux bruissement. De même, la commission scientifique française, qui avait observé 153 aurores boréales à Bosekop, déclarait qu'aucun de ses membres n'avait constaté le bruit en question. Une espèce d'enquête qu'elle a faite dans le pays a conduit à cette conclusion, que probablement les bruits qui avaient été attribués à l'aurore étaient produits par le vent ou par la crépitation de la neige, et les habitants ont fini par se ranger à cet avis.

Du reste, l'un des compagnons de Franklin, Hood, raconte qu'en 1821, au fort Entreprise, il a entendu des craquements particuliers pendant une aurore boréale, mais qu'un autre marin lui a fait observer que ce bruit provenait de la contraction de la glace, au moment d'un abaissement subit de la température. En effet, le lendemain, le thermomètre étant encore tombé plus bas (à 40 degrés au-dessous de zéro), on entendit les mêmes craquements, et cette fois cependant il n'y avait pas d'aurore boréale.

Il est donc probable que les bruits que beaucoup de personnes prétendent avoir entendus pendant les aurores boréales avaient une autre origine, bien qu'il ne soit pas impossible en soi que ce météore donne lieu à de faibles bruits. M. Becquerel fait remarquer à cet égard que les lamelles de glace composant les *cirrus* pourraient bien faire entendre une crépitation, sous l'influence des courants électriques qui les traversent. C'est le plus souvent au-dessus d'une atmosphère pleine de cristaux de glace que se produisent les aurores, car, au moment de leur disparition, on constate que les *cirrus* se trouvent précisément dans la direction d'où partaient les lueurs les plus brillantes. Ou bien faut-il ranger ces crépitations aurorales au nombre des hallucinations de l'ouïe, dont il existe tant d'exemples? Quand on voit jaillir la lumière, dit M. Loomis, on est disposé à écouter des bruits aériens, et l'on entend souvent ce qu'on veut entendre. C'est ainsi que les anciens Germains entendaient la mer siffler quand le soleil couchant s'y plongeait comme un fer rouge.

C'est une illusion d'optique qui nous montre l'aurore boréale sous la forme d'une arcade de lumière; en réalité, c'est un vaste anneau qui entoure le pôle magnétique, d'où il rayonne en tous sens, dans la direction de l'aiguille d'inclinaison.

On peut admettre que la hauteur à laquelle s'élève ce météore est très considérable, mais les limites que divers physiciens lui assignent varient beaucoup. Les calculs sont toujours fondés sur la comparaison des élévations angulaires, observées de plusieurs points très éloignés les uns des autres; rarement on est sûr que les observateurs aient visé les mêmes rayons. C'est ce qui explique les discordances des évaluations relatives à une même apparition: pour la grande aurore du 7 janvier 1831, qui fut visible dans tout le centre de l'Europe, Hansteen a trouvé une hauteur de près de 200 kilomètres, tandis que Christie n'obtenait, par un autre calcul, que des résultats qui variaient de 10 à 40 kilomètres, Farquharson a même conclu de deux observations simultanées, faites dans le nord de l'Écosse, qu'une aurore peut très bien ne pas dépasser 1200 mètres. Cette opinion a trouvé des partisans parmi les navigateurs qui ont visité les régions polaires. Sir John Franklin affirme avoir vu en 1820, au fort Entreprise, des masses de nuages éclairées d'en bas par une aurore peu élevée au-dessus du sol. Hood et Richardson rapportent des faits analogues. Scoresby dit que sous le 65e degré de latitude nord il a vu les aurores descendre tellement bas, que les rayons semblaient toucher les sommets des mâts. En 1825, les compagnons de Parry virent un de ces rayons plonger entre eux et la terre éloignée d'environ 3000 pas.

Ces affirmations très précises contrastent étrangement avec les résultats qu'un physicien américain, M. Elias Loomis, a tirés de la discussion des nombreuses observations dont les deux magnifiques aurores boréales du 28 août et du 2 septembre 1859 ont été l'objet en diverses latitudes. D'après M. Loomis, le 23 août, l'extrémité inférieure des fusées se trouvait à 74 kilomètres de hauteur, tandis que l'extrémité supérieure atteignait l'énorme élévation de 860 kilomètres. Les rayons de l'aurore du 2 septembre partaient d'une altitude de 80 kilomètres et s'élevaient à près de 800 kilomètres au-dessus du niveau des mers. Le même procédé de calcul appliqué à trente autres aurores boréales a donné, pour la limite supérieure du météore une altitude moyenne de 725 kilomètres, d'où il suit que ces traits de feu ont d'ordinaire 650 kilomètres de longueur. M. Galle a fait des calculs analogues pour les aurores du 25 octobre 1870 et du 4 février 1872; pour la première, il a trouvé 530 kilomètres, et 440 pour la dernière. Quoi qu'il en soit de l'exactitude de ces évaluations, dont la base n'est peut-être pas très solide, elles ne nous empêcheraient pas d'admettre, comme par le passé, que les aurores boréales ont l'atmosphère pour théâtre; seulement il faudrait alors supposer qu'elles pénètrent dans des régions où il y a moins d'air que dans le vide de la machine pneumatique. Ajoutons que l'hypothèse d'une élévation parfois très considérable du sommet de l'aurore expliquerait l'énorme distance à laquelle on l'aperçoit dans certains cas. Le capitaine Lafond, étant dans l'hémisphère austral à la latitude de 45 degrés, juste au sud de la Nouvelle Hollande, affirme avoir vu, le 14 juin 1831, une aurore boréale dans la direction du nord-est. Dalton, d'autre part, a plusieurs fois observé la lumière australe en Angleterre.

Les aurores se montrent presque toujours pendant la nuit. D'après Bravais, à Bosekop les premiers indices paraissaient vers 8 heures du soir, et les dernières traces des rayons s'évanouissaient vers 3 heures et demie du matin. C'est pendant l'hiver que la zone des aurores boréales s'avance le plus vers le sud, et elles ont leur plus grande fréquence aux époques des équinoxes, au commencement et à la fin de la période hivernale. Sur un nombre total de 3600 aurores scientifiquement observées, on en a compté 60 seulement au mois de juin, qui est le mois le plus pauvre à cet égard. Voici les nombres notés pour les différents mois de l'année, d'après Klein :

Janvier.	365
Février.	389
Mars.	458
Avril.	504
Mai.	101
Juin.	60
Juillet.	69
Août	228
Septembre.	441
Octobre.	498
Novembre.	506
Décembre.	377

La fréquence des aurores boréales est en outre sujette à une variation séculaire, dont la période paraît être de cinquante-six à soixante ans. Les années 1697, 1755, 1812, 1868, sont des années de fréquence minimum; 1728, 1786, 1847, sont des années marquées par une fréquence très grande des aurores. Cette période elle-même pourrait d'ailleurs se subdiviser en cinq ou six périodes de dix à onze ans, correspondant aux alternatives régulières que présentent à la fois, d'après M. Schwabe, M. R. Wolf et le général Sabine, la fréquence des taches solaires et l'amplitude moyenne des variations diurnes de la déclinaison. Le parallélisme de ces trois phénomènes, déjà signalé par M. Wolf, a encore été confirmé par les travaux de M. E. Loomis et de M. Allan Broun[1]. En outre

[1] Il faut cependant noter que M. Faye conteste ces coïncidences,

M. Hornstein a reconnu dans les variations magnétiques une période de 26 jours $\frac{1}{3}$, correspondant à la rotation synodique du soleil, c'est-à-dire au retour du même aspect de la surface solaire. Il serait ainsi démontré que les fluctuations périodiques des aurores boréales aussi bien que des variations de l'aiguille aimantée sont des phénomènes cosmiques dont le siège est le soleil. La lune, elle aussi, produit d'ailleurs une inégalité dans la variation diurne de l'aiguille.

Cette influence cosmique qui se trahit dans les allures des aurores et des variations de l'aiguille aimantée, s'étend peut-être encore plus loin. M. Émile Kluge ayant dressé une liste aussi complète que possible des éruptions volcaniques observées depuis l'an 1000 avant notre ère (il y en a 1450), croit avoir remarqué que ces éruptions suivent une période de cent ans qui embrasse neuf périodes d'un peu plus de onze ans. Le Vésuve, par exemple, a offert de grandes éruptions en 685, 983, 1184, 1682, 1783, 1784 et 1785, l'Etna en 1183, 1285, 1381, 1682, 1781[1], — l'Etna encore en l'an 56 avant J.-C., puis en 1444, 1643, 1744, 1844, le *Vulcano* en 144 et 1444, le Vésuve en 1643; en 1845, il y eut encore une éruption sous-marine dans la Méditerranée et une éruption de l'Hécla, en 1245 et en 1345 d'autres éruptions

et soutient que les taches solaires suivent la période de 11ª 11, déterminée par M. Wolf, tandis que les variations de l'aiguille suivent celle de 10ª 45, déterminée par MM. Lamont, Loomis et Allan Broun. Les maxima auraient été accidentellement d'accord vers 1860.

[1] Nous verrons si en 1881 il y aura une nouvelle éruption.

dans les parages de l'Islande. Les rapprochements de ce genre, établis par M. Kluge, sont très nombreux. Il ajoute que les minima des taches solaires et des variations magnétiques correspondent à la plus grande, leurs maxima à la moindre fréquence des éruptions volcaniques. Ainsi notamment le minimum de 1823 coïncide avec des éruptions fort nombreuses : on en a noté, de 1822 à 1824, quarante-quatre, ou bien trente en ne comptant pas les répétitions.

Les aurores boréales se développent sur une zone annulaire dont le centre en tout cas n'est pas éloigné du pôle magnétique, bien qu'il ne semble pas coïncider avec lui. Il en résulte qu'en Norvège et en Suède c'est au nord-ouest que l'on aperçoit les aurores, tandis qu'aux États-Unis on les voit dans la direction du nord, et qu'à l'île Melville, Parry, qui avait dépassé le pôle magnétique, les voyait au sud. Dans les régions polaires proprement dites, ce spectacle est d'ailleurs assez rare, et les aurores s'y montrent avec peu d'intensité. La zone la plus riche à cet égard est celle qui comprend l'Islande, le nord de la Norvège, la Finlande, le nord de la Sibérie, la baie de Hudson, le Labrador, la pointe méridionale du Groenland; on y compte en moyenne quatre-vingts aurores par an. Plus au nord et plus au sud, ces crises magnétiques deviennent moins fréquentes. A la Havane, on n'a observé que six aurores en cent ans.

Les deux aurores du 28 août et du 2 septembre 1859 constituent l'une des apparitions les plus remarquables du météore, car il semble prouvé qu'entre ces deux dates l'incendie magnétique ne s'est pas éteint un seul moment, à en juger par le trouble continuel des boussoles. Le 28 août, le phénomène fut visible depuis la Californie jusqu'aux monts Ourals. Les franges supérieures de la nappe la plus méridionale paraissaient alors au zénith de la Virginie. Le 2 septembre, elles se montraient au zénith de la Floride; l'anneau s'était donc avancé vers le sud, et le météore fut signalé aux îles Sandwich, dans toute l'Amérique du Nord, en Europe et jusqu'en Algérie; le même jour l'hémisphère sud jouissait du spectacle d'une magnifique aurore australe. La moitié de la terre était ainsi illuminée par les reflets des feux polaires.

Depuis la découverte de l'analyse spectrale, on n'a pas manqué de scruter le spectre de l'aurore, dans l'espoir d'y trouver quelque renseignement inattendu sur la nature intime du phénomène. M. Angstrœm, M. Struve, M. Vogel, ont décrit le spectre de l'aurore boréale; mais les résultats obtenus n'ont rien de bien concluant. Dans ces derniers temps, M. Liais y a signalé les raies du soufre. Il est très probable que la température extrêmement basse des hautes régions de l'atmosphère modifie sensiblement les spectres des gaz qui deviennent lumineux à ces hauteurs.

Une expérience déjà ancienne de M. de la Rive reproduit artificiellement les apparences de l'aurore. On appelle *œuf électrique* un ballon de verre dans lequel on peut faire passer la décharge d'une machine électrique ordinaire ou celle d'une bobine d'induction, après y avoir fait le vide. M. de la Rive y introduit un cylindre de fer doux (fig. 55), couvert d'une couche de gomme-laque qui le sépare d'un anneau de cuivre placé à la partie inférieure du ballon. On met l'anneau et le sommet de l'appareil en communication avec les deux pôles d'une machine d'induction, ou bien avec une machine électrique ordinaire et avec le sol. La

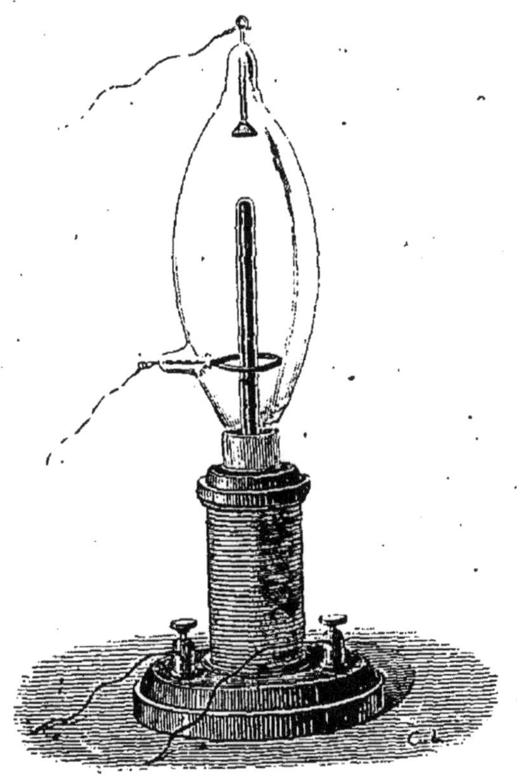

Fig. 55. — Œuf électrique.

décharge forme alors des gerbes lumineuses irrégulières ; mais si l'on vient à aimanter le cylindre, les gerbes s'étalent, l'enveloppent, et la nappe de feu se met à tourner autour de l'aimant. Il doit en être ainsi, puisque ces jets de lumière sont des courants électriques devenus visibles ; c'est un nouvel exemple de la rotation des courants par les aimants, dont il sera question plus loin.

M. de la Rive assimile ce phénomène à celui des aurores polaires. D'après l'illustre physicien génevois, les aurores seraient des décharges électriques auxquelles l'aimant terrestre imprimerait un mouvement de rotation. Ces décharges viendraient des particules de glace suspendues dans les couches supérieures de l'atmosphère, et formées par la congélation de l'eau qui s'est évaporée des mers équatoriales, d'où elle est venue au pôle chargée d'électricité positive. L'existence de ces cristaux de glace dans les régions élevées de l'atmosphère pendant les aurores, est confirmée par beaucoup d'observateurs. Au Canada, on a constaté que les jours qui précèdent et qui suivent l'apparition des aurores sont presque invariablement marqués par des chutes de pluie ou de neige. Le docteur Richardson, par un beau temps et une température de trente-deux degrés au-dessous de zéro, voyait l'arc de l'aurore dans le voisinage du zénith et constatait au même moment la chute d'une neige extrêmement fine, à peine visible, mais qui laissait des gouttes en fondant sur la main[1].

Tout récemment M. Gaston Planté a réussi également à produire des phénomènes analogues à ceux des aurores en faisant plonger les pôles de sa pile à haute tension dans un tube en U, plein d'eau salée ; mais ces expériences demandent à être creusées davantage pour devenir concluantes.

[1] Margollé et Zurcher, *les Météores*.

III

L'ÉLECTRO-MAGNÉTISME

CHAPITRE PREMIER

LES DÉCOUVERTES D'ŒRSTED ET D'AMPÈRE

Il existe entre les attractions magnétiques et celles qui sont dues à l'électricité ordinaire des différences profondes et faciles à constater.

Frottez un bâton de verre ou de cire à cacheter avec un morceau de laine, puis présentez-le à une balle de sureau pendue à un fil de soie : il attirera la petite balle, mais dès qu'elle l'aura touché, elle sera repoussée. Au contraire, une bille de fer attirée par le pôle d'un aimant y reste adhérente, et même l'adhérence augmente avec le temps.

Suspendons à deux fils de soie deux balles de sureau, et touchons l'une avec un bâton de verre, l'autre avec un bâton de résine préalablement frotté. Si ensuite on approche de chaque balle le même bâton avec lequel on l'a touchée, elles seront repoussées ; si au contraire on présente à la première le bâton de résine, ou le bâton de verre à la seconde, elles seront attirées. Cette expérience prouve que le frottement a développé sur le verre et sur la résine deux électricités différentes (l'électricité positive, + E, et l'électricité négative, — E) ; elle prouve encore que par le contact on a communiqué aux deux balles de sureau des électricités *antagonistes* de celles des substances qu'elles ont touchées. Nous avons vu, au contraire, que le pôle d'un aimant développe par son contact un pôle ami.

Enfin chacune des deux balles de sureau se trouve chargée d'une seule espèce d'électricité. En les rapprochant l'une de l'autre, on remarque qu'elles s'attirent entre elles (fig. 56). Si elles avaient été touchées toutes les deux par le même bâton, elles se repousseraient. — De même le bâton de verre ou de résine, frotté à l'un de ses bouts, ne manifeste aucune propriété électrique à l'autre bout, et paraît ne pouvoir communiquer qu'une seule des deux électricités.

On ne retrouve donc pas, dans ces phénomènes, le fait si frappant de la coexistence des deux pôles contraires qui caractérise les phénomènes d'aimantation.

Les diverses particularités caractéristiques de l'électricité de frottement conduisent à la notion de la *conductibilité* plus ou moins grande des divers corps. Les uns (les métaux, l'eau, les tissus organisés) sont bons conducteurs de l'électricité ; les autres, les corps *isolants* (le verre, les résines, la soie, la laine), la conduisent très peu, la retiennent plus ou moins longtemps. Les corps isolants ou mauvais conducteurs sont ceux qui s'électrisent par le frottement ; on peut aussi les charger par le contact d'un autre corps déjà électrisé. Les bons conducteurs ne s'électrisent qu'à la condition d'être *isolés* par un manche ou support de verre, ou par un autre moyen analogue ; tant qu'ils

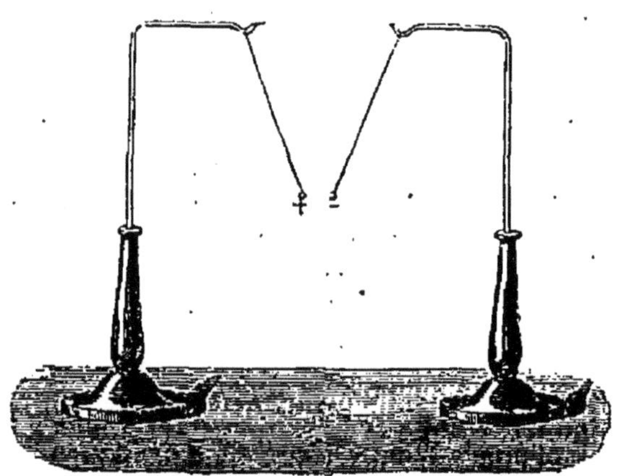

Fig. 56. — Attraction électrique.

ne sont point isolés, ils ne peuvent retenir l'électricité qui leur est communiquée. En revanche, les conducteurs isolés peuvent facilement s'électriser à distance par la simple influence d'un corps déjà électrisé, et dans ce cas on constate sur eux la présence des deux électricités contraires ; mais si on les touche pendant l'opération, on leur enlève l'un des deux fluides ainsi séparés, et ils ne gardent que celui qui est attiré par le corps inducteur.

On voit combien les allures de l'électricité de frottement nous éloignent des phénomènes magnétiques proprement dits. Malgré tout, l'analogie des attractions et des répulsions, provoquées par la présence de deux fluides pour ainsi dire dédoublés, suffisait pour faire soupçonner une cause commune derrière ces deux ordres de phénomènes si différents dans leurs manifestations.

Les anciens, il est vrai, n'en étaient pas encore venus à constater les différences : peu curieux de la nature, ils connaissaient l'attraction que l'ambre jaune (l'*électron*) exerce sur les corps légers, aussi bien que celle que l'aimant exerce sur le fer, et ne cherchaient pas plus loin. Aussi, jusqu'à William Gilbert, voyons-nous les phénomènes électriques et magnétiques généralement confondus. Gilbert (1600) découvre que le verre, les pierres fines, le soufre, la colophane, d'autres substances encore s'électrisent comme l'ambre. Il se rend compte de certaines différences, peu essentielles à la vérité, qui existent entre les deux ordres de phénomènes : « l'aimant, dit-il, n'agit que sur des corps magnétiques, homogènes avec lui, tandis que l'électricité agit sur les corps légers en général ; l'humidité dissipe l'électricité, tandis qu'elle n'a aucune action sur l'aimant, etc. Vers 1670, Otto de Guericke, l'inventeur de la machine électrique, remarque que les corps légers, après avoir été d'abord attirés par la matière électrisée, sont ensuite repoussés. Enfin vers 1730 Gray distingue les corps conducteurs des corps isolants, et Dufay établit l'existence de deux électricités contraires. Il ouvre ainsi un vaste champ de découvertes, et les manifestations si complexes de l'électricité de frottement sont poursuivies dans leurs moindres détails par un grand nombre d'expérimentateurs. Puis on songe à faire la théorie de ces phénomènes, et l'identité du magnétisme et de l'électricité devient un thème de discussions sans fin.

C'était le temps où l'on composait la matière d'un petit nombre d'éléments diversement combinés, en y ajoutant les « fluides impondérables » comme les états différents d'un même principe. L'électricité n'était autre chose que le feu primitif; l'aimant était dans ce système une *pyrite martiale saturée de fluide électrique,* opinion que s'efforce de combattre Marat dans ses *Recherches physiques sur l'électricité* (1782). On ne tarda pas d'ailleurs à s'apercevoir des difficultés insurmontables créées par des analogies forcées, qui étaient en contradiction flagrante avec les expériences. Mais ce qui, de ces théories fantastiques, resta longtemps enraciné dans les esprits, ce fut l'identité des attractions de l'aimant et de la machine électrique, phénomènes qui paraissaient naturellement s'associer l'un à l'autre.

La mémorable découverte d'Alexandre Volta, qui, publiée au mois de mars 1800, inaugura d'une façon si brillante le dix-neuvième siècle, vint donner un autre cours à ces spéculations. Galvani, professeur d'anatomie à Bologne, avait posé en 1790 le premier jalon de cette découverte, en signalant les phénomènes de contractilité musculaire que produit le contact de deux métaux avec les nerfs mis à nu. Il paraît que son attention fut d'abord attirée sur cet ordre de faits par les convulsions que le contact d'un scalpel excitait dans les muscles d'une grenouille dépouillée et placée sur une table près d'une machine électrique dont on s'amusait à tirer des étincelles. Ce n'était pas encore là l'expérience capitale sur laquelle repose la théorie de l'électricité voltaïque, mais peu après Galvani, ayant suspendu le train de derrière d'une grenouille disséquée à un balcon de fer, au moyen d'un crochet de cuivre engagé dans les nerfs lombaires, remarqua que les contractions avaient lieu chaque fois que les muscles dépouillés venaient à toucher le fer. Partant de là, Galvani réussit à reproduire les secousses à volonté, au moyen d'un arc formé de deux métaux différents, et Volta, professeur à l'université de Pavie, ayant répété et varié l'expérience, en découvrit la véritable portée.

Galvani prétendait avoir surpris les mystérieux courants du fluide nerveux. Selon lui, tous les animaux jouissent d'une électricité inhérente à leur économie, dont les muscles sont les principaux réservoirs et les nerfs les voies de transport. Il admit donc l'existence d'une électricité animale, différente de l'électricité ordinaire, et qui reçut de ses partisans le nom de *galvanisme*. Volta, au contraire, soutenait que le fluide des nerfs n'était autre chose que de l'électricité ordinaire, à laquelle les organes des animaux servaient de conducteurs. Cette électricité, selon lui, avait pour source le contact de deux métaux différents ou plus généralement de deux matières hétérogènes. Il s'éleva dès lors entre les deux adversaires un long débat; et, chacun d'eux voulant étayer sa théorie par des faits nouveaux, les expériences se succédèrent, faisant tantôt pencher la balance du côté de Bologne, tantôt du côté de Pavie.

Galvani mourut en 1798, après avoir perdu sa place pour des raisons politiques; mais les controverses continuèrent toujours entre les deux camps. Enfin Volta crut avoir réussi à produire de l'électricité par le seul contact de deux métaux différents. Il forma des *couples électro-moteurs* en associant des disques de cuivre et de zinc, et les superposa en les séparant par des rondelles de drap mouillé, et il constata que l'effet augmentait en raison du nombre des couples employés. Voilà l'origine de la *pile de Volta,* que l'on peut considérer à bon droit comme la découverte la plus féconde qu'aient produite les temps modernes.

Après avoir annoncé la grande nouvelle à sir Joseph Banks, président de la Société royale de Londres, dans une lettre datée du 20 mars 1800, Volta se rendit l'année suivante à Paris afin de lire, devant la classe des sciences physiques et mathématiques de l'Institut national, un Mémoire contenant les détails et les résultats de ses travaux sur le galvanisme, et de mettre ainsi dans tout son jour la fameuse *théorie du contact.* L'Institut, sur la proposition du général Bonaparte et d'une nombreuse commission, lui décerna une médaille d'or.

Selon Volta, le contact de deux métaux différents développe une force *électro-motrice* qui décompose les fluides contraires et les tient séparés; la rondelle de drap humide ne joue que le rôle de conducteur. Nous savons aujourd'hui que ces vues théoriques étaient erronées. La force électro-motrice, en réalité, a pour siège la surface de contact du drap humide et du zinc, et elle est due à l'action chimique qui s'y produit ; le cuivre n'est qu'un simple conducteur qui recueille l'électricité positive de l'acide, tandis que l'électricité négative s'accumule sur le zinc. Mais, si l'explication était mauvaise, l'expérience était bonne, et la pile fournissait enfin une source constante d'électricité.

La pile primitive de Volta était la *pile à colonne* (fig. 57), formée de disques de zinc et de cuivre superposées, que séparent des rondelles de drap imbibé d'eau acidulée ; ces disques sont maintenus entre trois colonnes de verre. Les deux fluides s'accumulent aux deux extrémités de la pile, le fluide positif d'un côté, et le fluide négatif de l'autre. Si ces deux pôles sont mis en communication par un fil métallique, les deux électricités opposées se combinent, il y a décharge ; mais la pile se recharge incessamment d'elle-même, et il s'établit ce qu'on appelle un *courant* dans la pile et dans le fil conjonctif. On admet l'existence d'une double circulation continue : le fluide positif allant dans le fil du pôle positif au pôle négatif, dans la pile du pôle négatif au pôle positif, et le fluide négatif allant en sens inverse. Comme ces deux courants produisent des effets identiques, on se contente d'en considérer un seul, le courant positif : c'est lui qu'on appelle le courant de la pile.

Le courant continu qui traverse la pile et le fil conducteur, formant ensemble un circuit fermé, fournit de l'électricité à *basse tension*, tandis que celle de la machine électrique est de l'électricité à *haute tension*.

La pile de Volta fut bientôt modifiée et perfectionnée d'une foule de manières. Volta lui-même imagina la *pile à tasses*, où les couples de disques sont remplacés par des lames de cuivre et de zinc, soudées ensemble en forme d'U renversé, et plongeant dans des tasses ou des verres remplis d'eau aiguisée par un acide minéral. Cruikshank y substitua la *pile à auge*, où le liquide remplit les cases formées par des cloisons composées chacune de deux lames accolées.

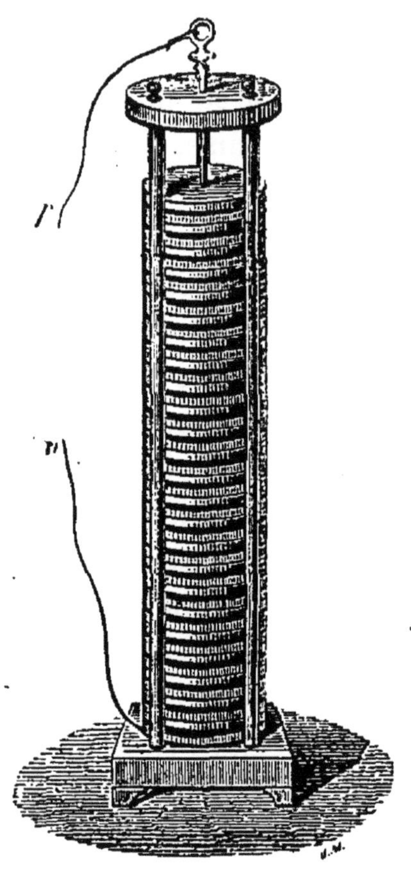

Fig. 57. — Pile de Volta.

Ces piles ne renferment qu'un seul liquide et elles ont un défaut commun : le courant s'y affaiblit rapidement. On a obtenu des piles à courant constant par diverses dispositions, qui mettent les deux métaux en contact avec deux liquides différents. C'est à M. Becquerel que l'on doit ce progrès important, qu'il a réalisé dès 1829. Mais ce sont d'autres qui ont attaché leurs noms aux piles à débit constant : les plus connues sont les piles de Daniell, de Grove, de Bunsen.

Le couple électro-moteur de la *pile de Daniell* se compose d'un bocal de verre, rempli d'eau acidulée, dans lequel on place un vase poreux contenant une solution de sulfate de cuivre; dans l'eau acidulée plonge une lame de zinc de forme cylindrique qui enveloppe le vase poreux, et dans la solution de sulfate un cylindre de cuivre. Des rubans métalliques sont fixés au zinc et au cuivre de chaque élément; pour monter la pile, on rattache le cuivre de chaque élément au zinc de l'élément voisin. — M. Callaud, de Nantes, a perfectionné cette pile en supprimant le vase poreux : les liquides sont simplement superposés, la différence des densités les empêche de se mêler. Les piles Callaud sont très économiques et donnent un courant remarquablement constant.

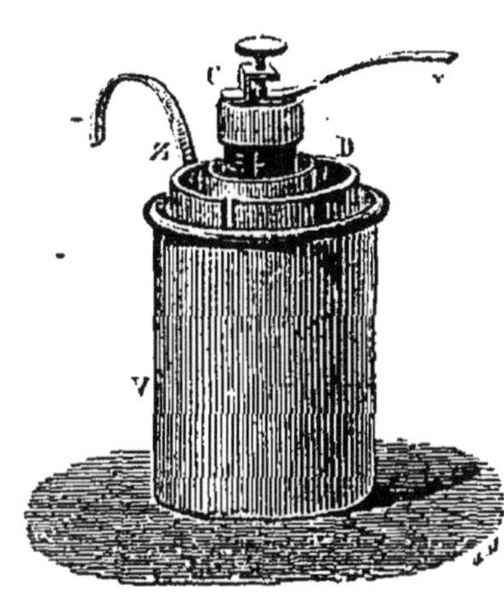

Fig. 58. — Couple de Bunsen.

Le *couple de Bunsen* (fig. 58) est disposé d'une manière analogue; seulement le cylindre de cuivre est remplacé par une baguette prismatique de charbon de cornues, et la solution de sulfate par de l'acide nitrique étendu. La pile de Bunsen fournit des courants plus énergiques, mais bien moins constants que ceux de la pile de Daniell.

Les piles *hydro-électriques*, ou piles fondées sur le jeu des actions chimiques, ne sont pas du reste les seules qui fournissent des courants continus; on peut obtenir le même résultat par l'action de la chaleur. Seebeck découvrit, en 1821, qu'il suffit de souder par leurs extrémités deux lames de bismuth et d'antimoine (ou, en général, de deux métaux différents), et de chauffer l'une des soudures, pour faire naître un courant dans ce circuit fermé. On obtient une pile *thermo-électrique* en réunissant plusieurs couples de deux lames; pour développer le courant, on chauffe les soudures paires et l'on refroidit les soudures impaires (fig. 59). Il suffit d'ailleurs, pour obtenir un courant,

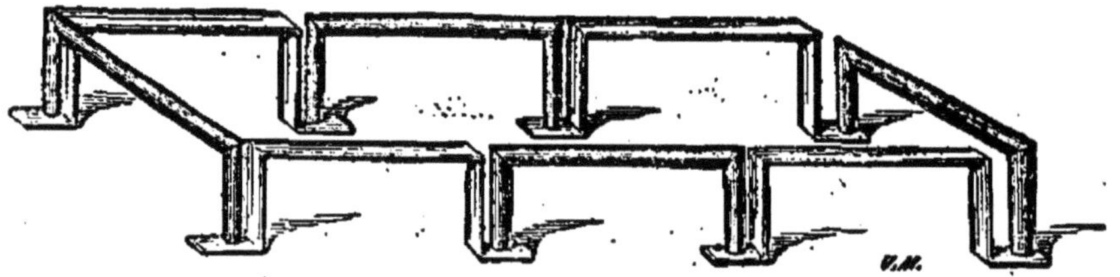

Fig. 59. — Pile thermo-électrique.

d'employer un circuit formé d'un seul métal, qui offre en quelques points des différences de structure : un fil de platine, noué ou tordu en un de ses points, puis chauffé dans le voisinage, est traversé par un courant, si les deux bouts sont réunis. Enfin M. Quincke a reconnu récemment qu'on obtient des courants électriques lorsqu'on fait passer des liquides par une mince cloison.

La découverte de Volta ouvrit un champ nouveau à la discussion sur l'identité de l'électricité et du magnétisme. La pile, en fixant à ses deux bouts les deux électricités opposées, semblait offrir le simulacre des pôles d'un aimant. Ce fut avant tous J.-H. Ritter qui établit ce principe que la pile était un aimant réel, et devait comme tel avoir un pôle positif et un pôle négatif, que la polarité de la pile était une polarité magnétique. Plusieurs physiciens s'efforcèrent de prouver par l'expérience qu'un semblable effet est tout à fait étranger à la pile. On trouve, par exemple, dans un programme d'Ampère, imprimé en 1802, le passage suivant : « Le professeur démontrera que les phénomènes électriques et magnétiques sont dus à deux fluides différents et qui agissent indépendamment l'un de l'autre. » Mais la verve et l'imagination fécondes de Ritter lui gagnaient chaque jour de nouveaux partisans. Muncke et Gruner, à Hanovre, ont fait de grands efforts pour obtenir des effets analogues à ceux de la pile de Volta au moyen de batteries magnétiques d'une puissance extraordinaire, ou pour influencer par ces dernières des piles très petites et excessivement mobiles, mais toujours en vain. Peut-être que la vérité se serait fait jour déjà si, au lieu de faire agir des aimants très forts sur des piles minimes, on avait essayé d'opérer avec des piles grandes sur des aiguilles petites et d'une mobilité convenable.

C'est dès ce moment qu'un physicien amateur faillit peut-être de mettre la main sur le fait capital qui a été le point de départ de la découverte de l'électro-magnétisme. Le 3 août 1802, une feuille politique de Trente annonça que le conseiller Jean-Dominique Romagnosi avait observé une déviation de l'aiguille aimantée, produite par le fluide galvanique. Ayant attaché à une pile à colonne un fil d'argent articulé, dont la dernière articulation était passée dans un tube de verre, il avait saisi cette espèce de chaînette par le tube de verre et en avait appliqué le bout libre à l'aiguille d'une boussole, placée sur un support de verre. « Après un contact de quelques secondes, l'aiguille s'écarta de plusieurs degrés de sa position polaire. Quand la chaîne fut soulevée, l'aiguille conserva la déviation qu'on lui avait imprimée. En appliquant de nouveau la chaîne, on vit l'aiguille dévier encore un peu, et conserver toujours la position dans laquelle on la laissait. » Pour la faire revenir à sa direction initiale, Romagnosi pressa des deux mains le bord de la boîte qui renfermait l'aiguille. — Pour expliquer cette expérience à peu près incompréhensible, M. Zantedeschi suppose que Romagnosi a dû toucher avec la main le bout libre de la chaînette et obtenir ainsi un courant fermé par le corps de l'observateur et le sol; mais cette interprétation trouvée après coup ne sert qu'à mieux faire ressortir l'ignorance où était Romagnosi des véritables conditions de l'action des courants sur les aimants. C'est assurément à tort qu'on a évoqué le souvenir de ce fait mal observé pour diminuer la gloire d'Œrsted, le Danois, qui le premier découvrit en 1819 la déviation de l'aiguille aimantée par l'action d'un courant fermé. Sans doute, cette grande découverte était dans l'air, on la pressentait, on la souhaitait; mais il arriva qu'avant Œrsted plusieurs crièrent trop tôt : J'ai trouvé! comme les matelots de Colomb, avides d'obtenir la récompense promise, à la moindre apparence poussaient à l'envi le cri de *Terre !*

Cependant l'annonce du physicien de Trente ne fut pas entièrement perdue. Jean Aldini, dans son *Essai sur le galvanisme*, publié en 1804, s'exprime ainsi : « Mojon a magnétisé des aiguilles à coudre, de la longueur de deux pouces, par un appareil à tasses de cent verres. Cette nouvelle propriété du galvanisme a été constatée par d'autres observateurs, et dernièrement par M. Romagnosi, qui a reconnu que le galvanisme faisait décliner l'aiguille aimantée. » — « D'après les observations de Romagnosi, rapporte Joseph Izarn (1804), l'aiguille, déjà aimantée, et que l'on soumet ainsi au courant galvanique, éprouve une déclinaison ; et d'après celle de M. Mojon les aiguilles non aimantées acquièrent par ce moyen une sorte de polarité magnétique. »

Ainsi bien avant 1820 l'action du courant voltaïque sur l'aimant avait été au moins soupçonnée ; mais toutes ces observations, évidemment mal faites, restèrent infécondes. Ce qui le prouve, c'est qu'on ne cessa pas d'assimiler directement la pile à l'aimant. Œrsted lui-même était encore dans ces idées ; son point de départ était celui des expérimentateurs de 1802. Dans ses *Réflexions sur les lois de la chimie*, publiées en 1812, il avait exposé la doctrine de l'identité des phénomènes électriques et magnétiques, et il cherchait avec obstination des expériences à l'appui. Longtemps toutes ses tentatives furent vaines, car il évitait à dessein de fermer le circuit de la pile, convaincu que les pôles devaient être libres pour manifester une influence magnétique.

Jean-Chrétien Œrsted[1] était, depuis 1806, professeur de physique à l'Université de Copenhague. Dans le cours de l'hiver de 1819 à 1820, il était occupé à montrer à ses auditeurs des expériences galvaniques. Par un heureux hasard, un mince fil de platine, étendu entre les deux pôles d'une pile de Volta assez puissante, et rendu incandescent par le courant intense qui le traversait, passait au-dessus d'une aiguille aimantée, placée à peu de distance de la pile. On vit alors que l'aiguille éprouvait des déviations singulières qui firent l'étonnement des assistants, puisque, d'après tout ce qu'on savait alors, une attraction ou une répulsion émanant du fil conjonctif devait paraître énigmatique. Œrsted a plus tard soutenu que ses vues théoriques l'avaient conduit directement à sa découverte ; il a prétendu que ses recherches sur l'influence que les deux électricités, *au moment de leur compensation*, devaient exercer sur l'aiguille lui avaient fait entrevoir ce qu'il observa ; mais il est très probable qu'il n'avait alors songé qu'à une polarité magnétique *des pôles* d'une pile à courant fermé. Et il semble presque, en y regardant de près, que ni Œrsted, ni ses auditeurs n'aient saisi immédiatement toute la portée du phénomène qui s'était révélé à leurs yeux : autrement il n'eût pas différé jusqu'au mois de juillet suivant la publication de cette découverte capitale. Ajoutons qu'à l'observation seule de ce fait de la déviation de l'aiguille par le courant voltaïque se borne la part qui revient à Œrsted dans la découverte de l'électro-ma-

[1] Né en 1777, mort en 1851.

gnétisme ; il laissa à d'autres, et notamment à André-Marie Ampère[1], le mérite de compléter son œuvre.

Le lundi 11 septembre 1820, dans la séance de l'Académie des sciences de Paris, M. A. de la Rive, qui venait de Genève, répéta les expériences d'Œrsted devant le savant auditoire, et le lundi suivant Ampère apporta déjà un fait plus général que celui qu'on avait annoncé. C'est grâce aux recherches de l'illustre physicien français qu'en peu de temps fut constituée ce qu'on appelle aujourd'hui la science de l'électro-magnétisme.

Même après que les sociétés savantes furent instruites de la grande nouvelle, le public resta encore quelque temps sans y faire attention. La raison de cette circonstance doit être cherchée d'abord dans la rédaction primitive d'Œrsted, qui ne laisse pas que d'être un peu confuse et embarrassée, mais principalement dans une erreur qui se liait à l'origine de la découverte, et qui consistait en ce que l'auteur lui-même exigeait, au commencement, pour la réussite de ses expériences, une pile assez forte pour porter au rouge le fil conjonctif. Il est certainement singulier qu'Œrsted, dans l'intervalle de six mois qu'il laissa s'écouler entre sa découverte et sa publication, n'ait pas remarqué qu'il suffit d'employer deux disques de zinc et de cuivre, d'un diamètre un peu considérable, pour produire non seulement les mêmes phénomènes qu'il avait observés avec la pile, mais encore des effets plus sensibles que ceux de piles composées d'un grand nombre

[1] Né en 1775, mort en 1836.

de couples plus petits. Cette prétendue nécessité d'un appareil très puissant empêcha bien des savants de répéter les expériences électro-dynamiques ; il s'en trouva même qui doutaient de la réalité de la découverte. Mais on ne tarda pas à s'apercevoir que le fait capital de la déviation pouvait être obtenu à bien moins de frais, et cette possibilité de répéter les expériences avec des appareils simples et peu coûteux fut pour beaucoup dans l'enthousiasme universel qui succéda bientôt à l'indifférence du public. On vit non seulement les professeurs de physique, mais bon nombre de naturalistes, de médecins, d'amateurs de tous genres et de personnes qui d'habitude restent étrangères aux sciences, s'emparer avec ardeur du champ ouvert à leur sagacité. On triomphait de voir cette force solitaire qui habitait les aimants tout à coup tirée de son isolement et liée à l'un des agents les plus communs et les plus répandus : l'électricité.

CHAPITRE II

ACTIONS RÉCIPROQUES DES AIMANTS ET DES COURANTS. DIRECTION DES COURANTS PAR LA TERRE

Lorsqu'on fait passer un courant dans un fil conducteur tendu horizontalement au-dessus d'une aiguille aimantée, mobile sur son pivot (fig. 60), elle éprouve une influence qui tend à la mettre en croix avec le courant. Supposons que le courant marche dans le fil du sud au nord, nous verrons le pôle nord de l'aiguille dévier vers l'ouest ; si nous renversons le courant pour le faire marcher du nord au sud, le pôle nord de l'aiguille passera du côté de l'est. Si nous dirigeons le même fil perpendiculairement au méridien magnétique, l'aiguille restera en repos ou bien se retournera bout à bout, suivant que le courant marchera de l'ouest à l'est ou de l'est à l'ouest. On obtient les déviations inverses en plaçant le fil *au-dessous* de l'aiguille.

Ampère est parvenu à résumer tous ces effets d'une manière très simple en personnifiant le courant, en le figurant par un personnage couché le long du courant, qui entre par les pieds et sort par la tête de la figure. Ceci posé, on peut attribuer au courant une face, un dos, une droite, une gauche, et la loi des déviations

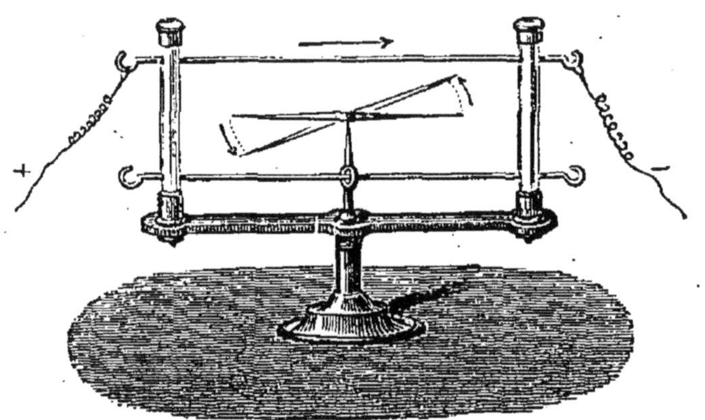

Fig. 60. — Expérience d'Œrsted.

s'énonce comme il suit : quelle que soit la position du courant par rapport à l'aiguille, *le courant, ayant*

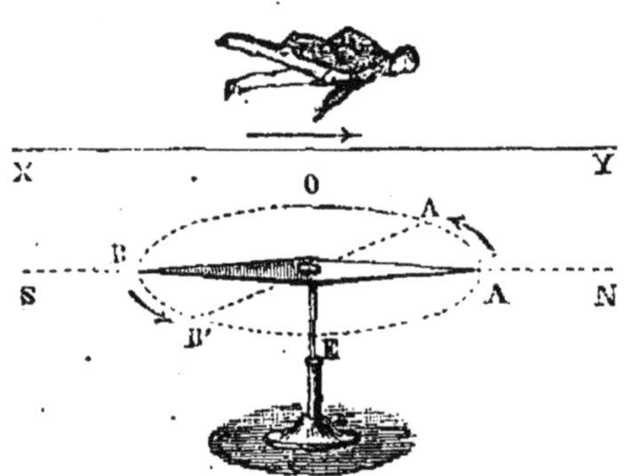

Fig. 61. — Courant supérieur.

sa face tournée vers l'aiguille, dévie le pôle nord (*le pôle austral*) *vers sa gauche* (fig. 61, 62).

Cet énoncé très simple permet d'expliquer pourquoi une aiguille aimantée, placée dans l'intérieur d'un circuit replié en rectangle, éprouve de la part des quatre côtés du rectangle des effets identiques. Consi-

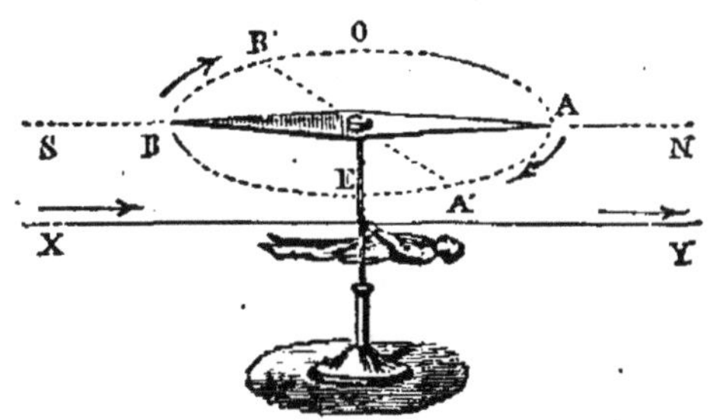

Fig. 62. — Courant inférieur.

dérons le rectangle représenté dans la figure 63, où le sens du courant est indiqué par des flèches. Si l'on fait glisser la poupée sur le fil avec la condition qu'elle regarde toujours l'aiguille, sa droite reste dirigée en arrière et sa gauche en avant du tableau, et par suite toutes les parties du rectangle concourent à imprimer à l'aiguille une même déviation qui porte le pôle austral *a* en arrière du tableau, et le pôle boréal *b* en avant.

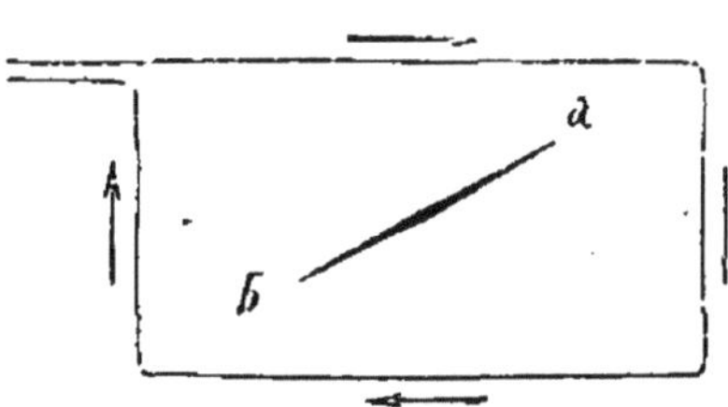

Fig. 63. — Courant rectangulaire.

Comme l'action d'un courant sur l'aiguille décroît nécessairement avec la distance, l'effet qu'on observe ne provient guère que des parties du fil les plus voisines. Heureusement la propriété des courants rectangulaires qui vient d'être constatée nous fournit un précieux moyen de multiplier à volonté l'effet des courants les plus faibles. Il suffit pour cela d'enrouler le fil, autour d'un cadre de bois, en spires serrées les unes contre les autres ; mais il faut alors employer un fil *isolé*, c'est-à-dire recouvert de soie ou d'une autre substance isolante quelconque (gutta-percha, caoutchouc, résine, etc.), pour éviter que le courant ne se répande dans l'ensemble des spires à la fois, ce qui l'affaiblirait notablement. L'appareil qui réalise cette idée est le *multiplicateur* de Schweigger (fig. 64) ; l'effet total qu'il produit est proportionnel au nombre de tours.

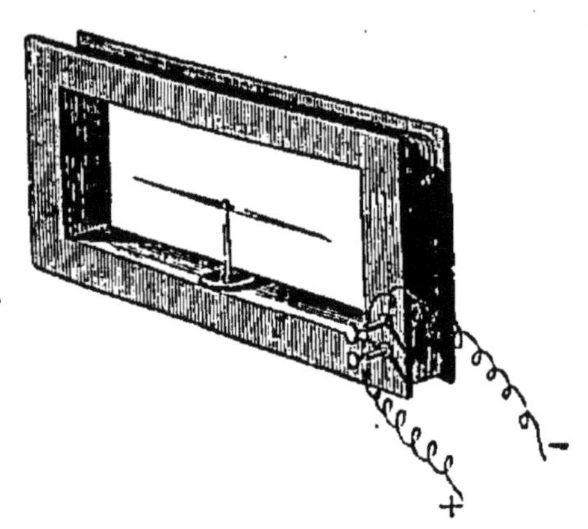

Fig. 64. — Multiplicateur.

Jusqu'ici nous avons supposé que les expériences se font avec une aiguille aimantée ordinaire. Dans ce cas, l'action directrice de la terre gêne l'action du courant, et l'empêche d'avoir tout son effet. L'aiguille éprouve une déviation plus ou moins forte, selon l'intensité du courant, et s'arrête dans une position d'équilibre oblique par rapport au méridien magnétique. Il n'en est plus de même lorsqu'on fait usage d'une aiguille *astatique*, sur laquelle le magnétisme terrestre n'a point de prise (page 94). Une aiguille astatique obéit librement à l'influence du courant le plus faible, et elle se place toujours exactement en croix avec lui, son pôle austral à la gauche, son pôle boréal à la droite du courant.

En accouplant deux aiguilles dont l'une a un peu

plus de force que l'autre, on obtient un système qui, sans être rigoureusement astatique, n'est cependant que très peu sensible à l'action terrestre. L'avantage d'une telle combinaison, c'est que la force directrice que conserve encore l'ensemble des deux aiguilles peut servir à mesurer l'intensité des courants les plus faibles par les déviations qu'ils impriment au système.

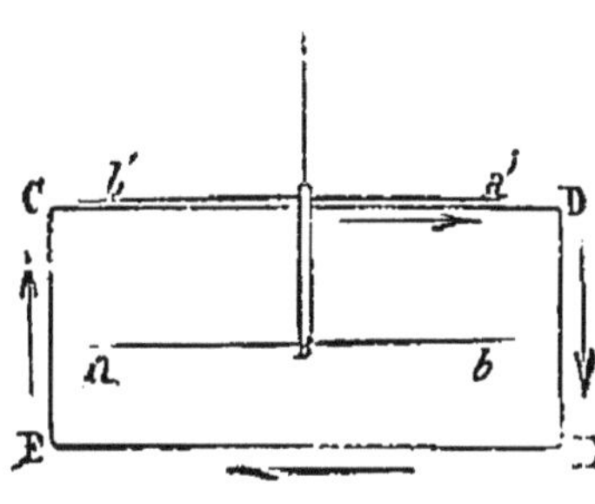

Fig. 65. — Cadre rectangulaire.

Lorsqu'il s'agit d'apprécier par ce moyen l'intensité des courants faibles, il importe en effet de réduire la force directrice due au magnétisme terrestre, ce qu'on peut faire à volonté en choisissant les deux aiguilles à peu près égales, et d'augmenter au contraire l'action du courant, ce qu'on obtient en faisant usage d'un multiplicateur. L'une des deux aiguilles étant placée dans l'intérieur du rectangle (fig. 65), tandis que l'autre, tournée en sens contraire, reste en dehors, il est facile de voir qu'elles éprouvent toutes les deux la même déviation, l'effet du rectangle sur l'aiguille extérieure *a'b'* se réduisant sensiblement à celui de la partie CD, qui est la plus rapprochée. C'est là le principe du *galvanomètre* de Nobili.

Le galvanomètre, représenté dans la figure 66, se compose d'un multiplicateur muni d'un cercle divisé horizontal, et d'un système de deux aiguilles, soutenu à une potence par un fil de cocon. Le cadre sur lequel s'enroulent les spires du fil de cuivre recouvert de soie est mobile autour d'un axe vertical, de manière qu'on puisse amener le plan des spires et la ligne de foi de la graduation dans le méridien magnétique. Les extrémités du fil de cuivre aboutissent à deux poupées extérieures, destinées à recevoir les rhéo-

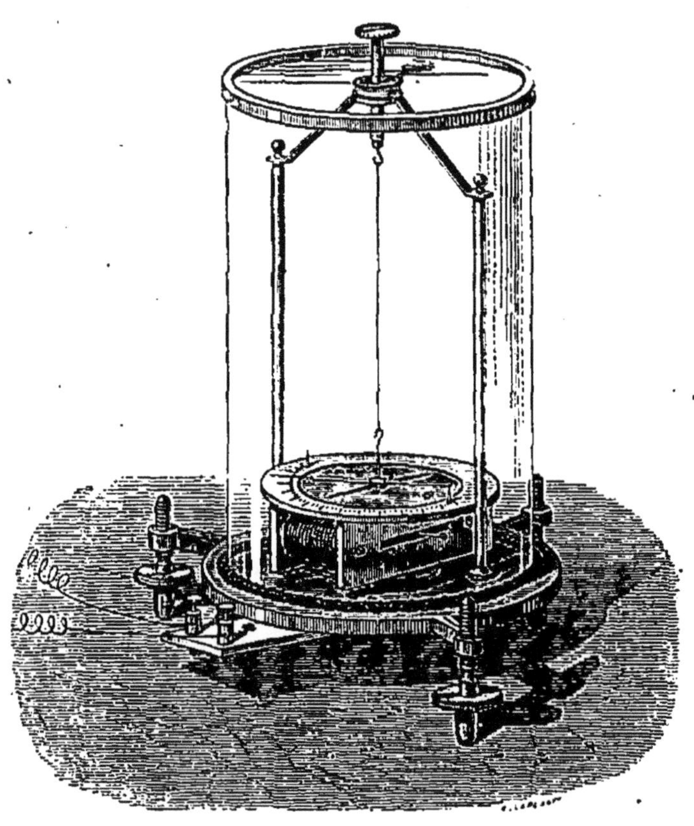

Fig. 66. — Galvanomètre.

phores du courant qu'il s'agit de lancer dans le multiplicateur. Aussitôt que le courant passe, on voit l'aiguille supérieure quitter la ligne de foi et parcourir les divisions du cercle gradué. Jusqu'à 20 degrés, les déviations peuvent être considérées comme proportionnelles à l'intensité du courant ; au delà elles crois sent moins rapidement que l'intensité. L'appareil entier repose sur trois vis calantes, et on le recouvre d'une cage de verre pour le préserver des agitations de l'air.

Lorsqu'il s'agit de fixer le sens et de mesurer l'intensité d'un courant d'une certaine force, on place au centre du multiplicateur une boussole ordinaire, et on observe la position d'équilibre que prend l'aiguille entre la force terrestre et l'action du courant (fig. 67). L'appareil peut s'employer de deux manières : on peut amener le cadre et la ligne de foi dans le méridien et observer la déviation de l'aiguille, ou bien tourner le cadre jusqu'à ce qu'il soit de nouveau parallèle à l'aiguille déviée. Dans le premier cas, l'intensité du courant est proportionnelle à la *tangente*, dans le second au *sinus* de la déviation ; de là le nom de *boussole des sinus et des tangentes* que l'on donne à cet instrument.

Comme toute action s'accompagne d'une réaction, l'attraction ou la répulsion qu'un courant exerce sur un aimant implique une action semblable, exercée en sens inverse par l'aimant sur le courant, et cette action devient manifeste aussitôt que l'on rend mobile le fil qui est le siège du courant. Que ce soit l'aiguille ou le fil qui se déplace, ces mouvements tendent toujours à mettre le pôle austral à la gauche du courant.

Pour faire passer des courants dans des fils mobiles de forme quelconque, Ampère a imaginé une disposition ingénieuse que l'on peut modifier de diverses manières. L'artifice consiste à suspendre le fil qu'on veut rendre mobile par deux pointes qui plongent dans deux godets remplis de mercure auxquels aboutissent les rhéophores de la pile. La figure 68 représente un petit équipage de ce genre, formé d'un

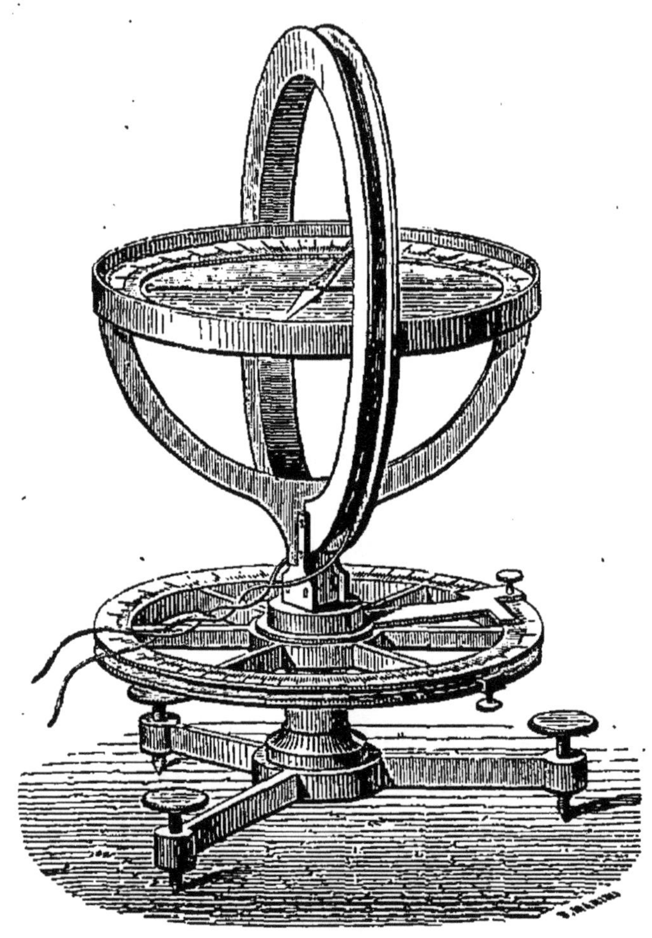

Fig. 67. — Boussole des sinus.

fil replié en rectangle et terminé par deux crochets à pointes d'acier qui plongent dans deux coupes de fer pleines de mercure et portées par une double potence. L'une de ces pointes repose sur le fond de la coupe, l'autre ne fait qu'effleurer la surface du mercure. Si tout est bien équilibré, le rectangle peut tourner aisément autour d'un axe vertical pendant qu'il est traversé par le courant. Toutefois il ne pourrait pas faire le tour complet, à cause des traverses qui portent les godets. Les équipages représentés fig. 70 et 71 sont au contraire complètement libres : le support est formé par deux colonnes concentriques que sépare un

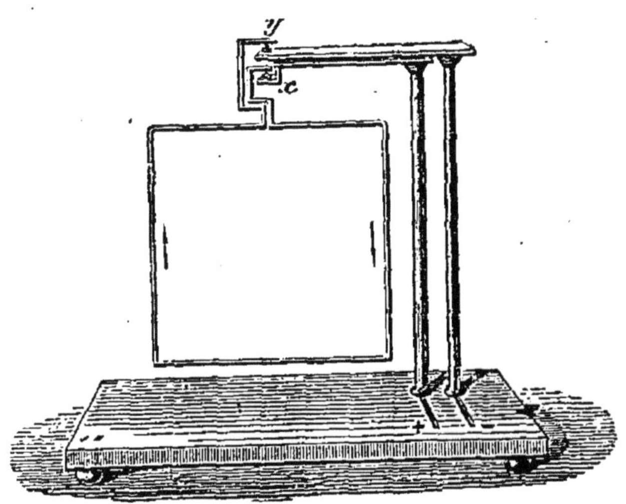

Fig. 68. — Équipage mobile.

tube de verre ; le fil repose par l'une de ses pointes sur le godet central, pendant que l'autre pointe plonge dans le mercure d'une cuvette annulaire. Deux contrepoids servent à équilibrer le système mobile. Le courant est amené par les deux poupées que l'on voit sur a base de l'appareil.

Cette disposition peut être variée à l'infini. Dans certaines expériences dont il sera question plus loin, le fil qu'il s'agit de rendre mobile est fixé à une espèce de tourniquet horizontal, et ses extrémités plongent dans une cuvette circulaire remplie d'un liquide qui est en communication avec la pile. On peut aussi fixer le fil sur un flotteur de liége, pendant que les extrémités plongent dans des rigoles. M. Carl fait flotter sur l'eau la pile elle-même, sous la forme d'un petit flacon rempli d'eau acidulée où plongent deux pla-

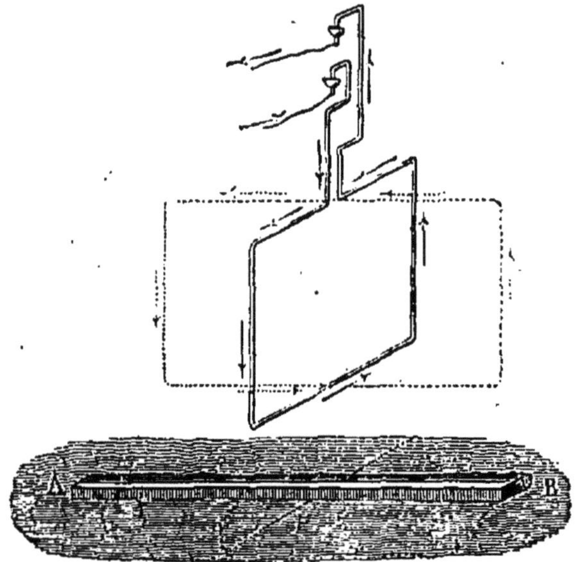

Fig. 69. — Déviation d'un courant par un aimant.

ques métalliques, et dont le bouchon supporte le fil, recourbé en rectangle ou en cercle.

Grâce à ces artifices divers, on peut aisément constater la réaction des aimants sur les courants. Il suffit de placer un barreau aimanté sous un rectangle mobile (fig. 69) pour voir le système se diriger en travers du barreau, de façon que le pôle austral soit à la gauche du courant. L'équipage se retourne bout pour bout lorsqu'on renverse le courant de la pile.

Au moyen d'un appareil analogue, on constate l'action réciproque de deux courants, fait général qui, ainsi que nous le verrons, implique tous les autres.

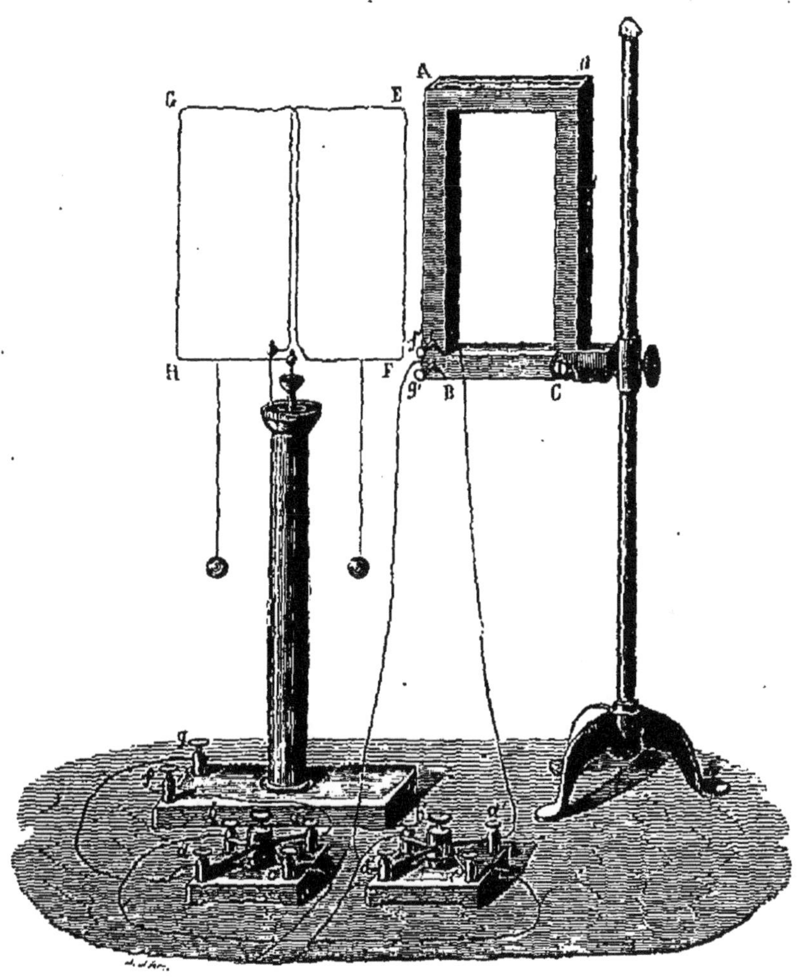

Fig. 70. — Courants parallèles.

Il suffit pour cela d'approcher l'équipage mobile d'un courant fixe, représenté par un multiplicateur, comme le montrent les figures 70, 71. Des *commutateurs* permettent de renverser instantanément le sens du courant dans le multiplicateur ou dans l'équipage mobile, ou dans les deux à la fois. On approche toujours un côté du rectangle mobile d'un côté du rectangle fixe pour observer l'action mutuelle des deux courants rectilignes qui se trouvent ainsi tout près l'un de l'autre, l'action exercée sur les autres pouvant être négligée parce qu'ils sont beaucoup plus éloignés.

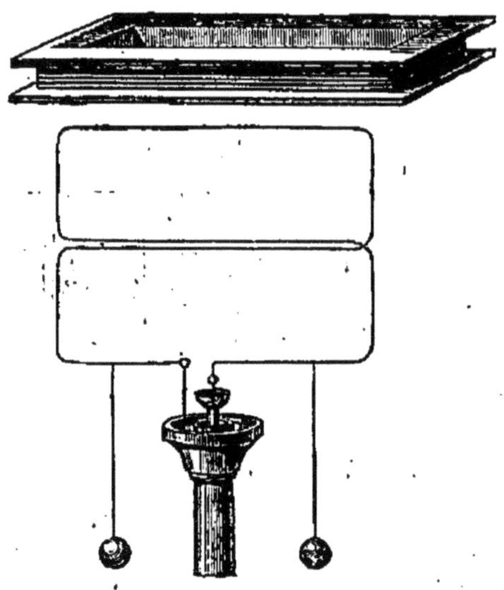

Fig. 71. — Courants croisés.

Voici les lois principales de ces actions telles qu'elles ont été formulées par Ampère.

Deux courants parallèles s'attirent, s'ils marchent dans le même sens ; ils se repoussent, s'ils marchent en sens contraires (fig. 70).

Deux courants non parallèles s'attirent ou se repoussent, s'ils sont de même sens ou de sens contraires par rapport au sommet de l'angle formé par leurs directions. En d'autres termes, les deux courants s'attirent, si tous deux s'approchent ou tous deux s'éloignent, — ils se repoussent, si l'un s'éloigne et que l'autre s'approche du sommet de leur angle ou, ce qui revient au même, de leur perpendiculaire commune.

Il s'ensuit que deux courants qui se croisent exercent l'un sur l'autre une action qui tend à les rendre parallèles et de même sens. Le courant mobile CD

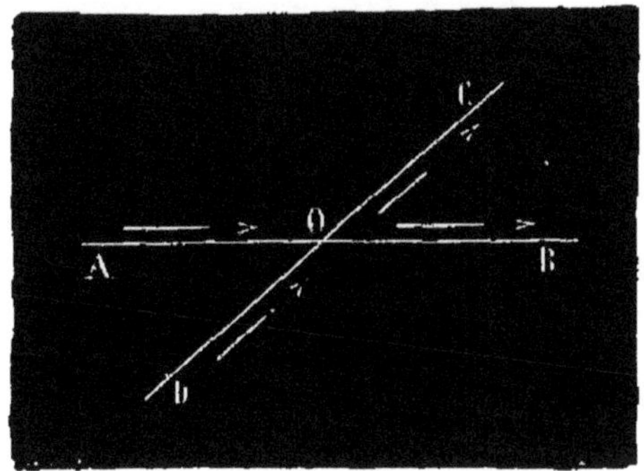

Fig. 72. — Courants croisés.

vient se placer près du courant fixe AB, s'il peut tourner autour du point O (fig. 72). C'est ce qu'on observe à l'aide de l'appareil de la figure 71.

De ces données empiriques, dont nous ne pouvons développer ici le détail, l'illustre physicien français a ensuite essayé de déduire la loi de l'action qui a lieu entre deux éléments de courant quelconques. Cette action est une attraction ou une répulsion, s'exerçant suivant la ligne qui joint les deux éléments, et inversement proportionnelle au carré de la distance; elle dépend à la fois des angles que les directions des deux éléments font entre elles et avec la ligne de jonction. Ainsi deux éléments parallèles et de même sens s'attirent lorsqu'ils sont tous les deux perpendiculaires à leur ligne de jonction, et se repoussent, s'ils coïncident avec cette ligne. Entre deux éléments dont l'un est perpendiculaire, l'autre parallèle à la ligne de jonction, l'action est nulle, etc.

Les lois d'Ampère conduisent à cette conséquence curieuse, que dans certaines circonstances les réactions entre aimants et courants peuvent produire des mouvements de rotation continus. Si, par exemple, nous mettons en présence un courant horizontal fixe et indéfini, et une portion de courant horizontal OA, mobile autour du point O sans pouvoir toucher le courant fixe, ce dernier imprimera au courant mobile un mouvement de rotation autour du point O. En effet, quelle que soit la position du courant OA, il est facile de s'assurer que la force qui agit en A tend toujours à faire tourner OA dans le même sens, si le courant marche toujours du centre de rotation O vers l'extrémité A (ou toujours dans le sens opposé). Quant à la position du courant fixe, elle est arbitraire : on peut donc aussi supposer que ce soit un courant circulaire ayant son centre en O (fig. 73). L'expérience confirme cette prévision : un courant horizontal que l'on rend mobile autour du centre d'un multiplicateur circulaire prend un mouvement de rotation continu. Dans la

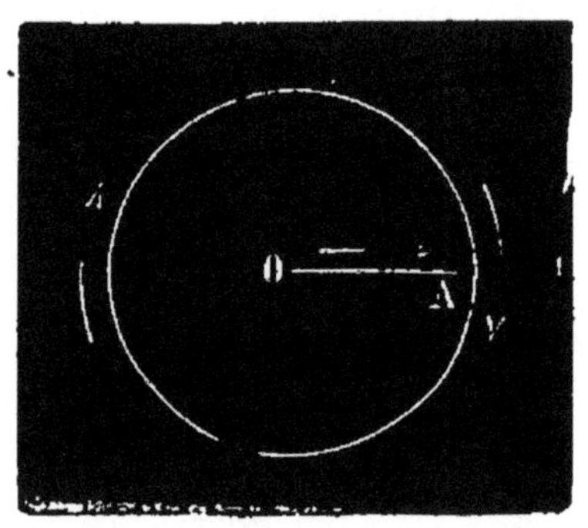

Fig. 73. — Courant circulaire.

figure 74, on voit un fil horizontal disposé de manière qu'il puisse pivoter sur une colonne terminée par un godet, et que ses extrémités recourbées plongent dans une cuvette remplie d'eau acidulée. Les poupées fixées sur la base de l'appareil servent à lancer le courant d'abord dans le multiplicateur annulaire, puis dans la colonne centrale, d'où il passe dans les deux branches horizontales de l'équipage mobile, pour sortir enfin

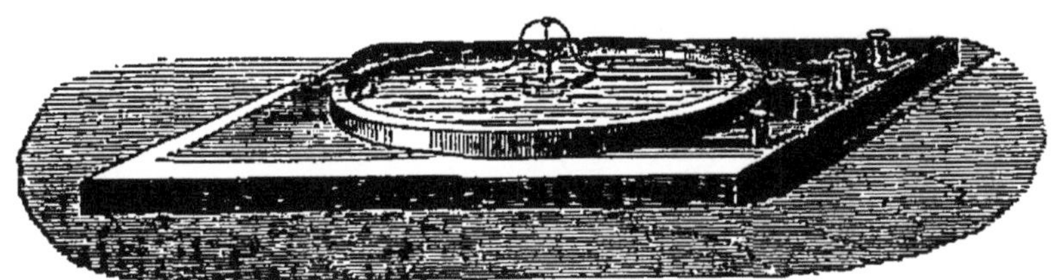

Fig. 74. — Rotation d'un courant horizontal.

par la cuvette et retourner à la pile. Le courant va donc du centre vers l'extrémité dans les deux moitiés du fil, et il en résulte une rotation continue.

Le même appareil, muni d'un équipage à longues branches verticales qui pivote sur une colonne plus élevée (fig. 75), peut servir à réaliser la rotation d'un *courant vertical* par un courant circulaire. Il est facile de démontrer que toutes les parties du courant circulaire exercent sur les deux fils verticaux (où le courant est de même sens) une action qui a pour effet de les faire marcher dans un sens déterminé. Pour maintenir les fils dans la position verticale, on les réunit en bas par un mince anneau.

L'action réciproque des courants et des aimants peut être également utilisée pour obtenir des mouvements de rotation. Parmi les expériences les plus

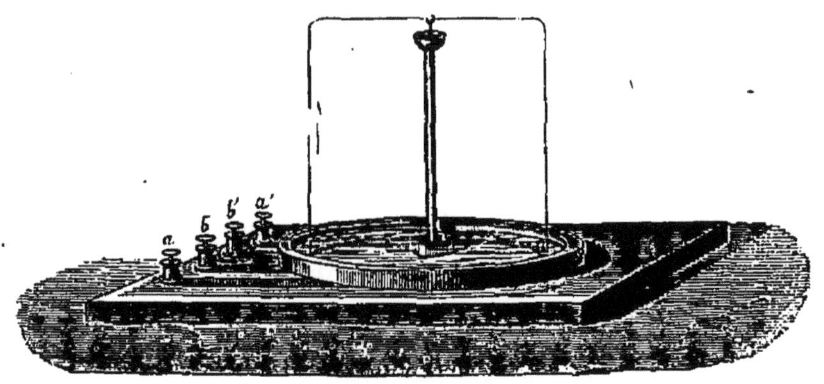

Fig. 75. — Rotation d'un courant vertical.

curieuses, nous citerons celle de Faraday, qui consiste à faire tourner un courant vertical autour du pôle d'un aimant, et celle d'Ampère, qui consiste à faire tourner un aimant vertical sur lui-même.

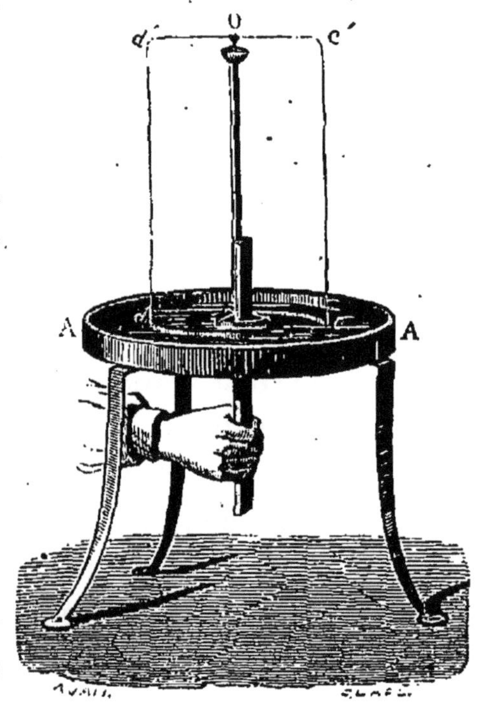

Fig. 76. — Rotation d'un courant par un aimant.

La figure 76 représente la première de ces expériences. Une tige centrale, terminée par un godet, soutient en O un équipage mobile dont les deux branches verticales plongent dans la cuvette annulaire AA. La cuvette est en zinc, remplie d'eau acidulée, et il s'établit entre le métal et l'acide un courant qui remonte les fils cc' et dd', et redescend par la colonne centrale. Si alors on introduit près de cette colonne le pôle austral d'un aimant, les fils se mettent à tourner ensemble autour de l'axe vertical représenté par la colonne, dans le sens inverse du mouvement des aiguilles d'une montre[1]. Pour expliquer cet effet, on n'a qu'à se rappeler que le courant, ayant sa face tournée vers le pôle austral de l'aimant, tend à chasser ce dernier vers sa gauche, ou bien, si l'aimant est fixe, à se déplacer lui-même de manière à laisser l'aimant à sa gauche, d'où il suit qu'il tend à se porter vers sa propre droite. Le fil dd' est donc chassé en avant du tableau, et le fil cc' en arrière, et la rotation continue indéfiniment parce que les deux fils se retrouvent toujours dans les mêmes conditions par rapport au pôle de l'aimant. Pour renverser le sens du mouvement, il suffit d'arrêter les fils et de remplacer le pôle austral de l'aimant par son pôle boréal.

Faraday parvint à réaliser cette expérience en 1822, et un témoin raconte la scène touchante qui eut lieu,

[1] Dès qu'on entre dans le domaine des actions réciproques des aimants et des courants, il faut se familiariser avec la notion de deux espèces de rotations : 1° *rotation directe*, qui a lieu de gauche à droite pour l'observateur placé au centre, debout sur le plan de rotation; c'est le sens du mouvement des aiguilles d'une montre et celui du mouvement apparent du soleil dans notre hémisphère ; 2° *rotation inverse* ou *rétrograde*, qui a lieu de droite à gauche pour l'observateur placé au centre et debout sur le plan de rotation. C'est le sens du mouvement apparent du soleil pour l'hémisphère austral. — La rotation est directe ou rétrograde suivant que l'observateur se trouve d'un côté ou de l'autre du plan de rotation.

quand Faraday vit ses prévisions s'accomplir de point en point. Il fut si satisfait de la réussite de sa tentative, qu'il offrit à son jeune assistant de passer la soirée au théâtre d'Astley, où il faillit avoir une rixe avec un malappris qui molestait son compagnon.

Ampère a imaginé une expérience qui est en quelque sorte la contre-partie de celle de Faraday. Il s'agit ici de faire tourner un aimant vertical sur lui-même, sous l'influence d'un courant qui traverse un de ses pôles. On fait flotter l'aimant dans un vase rempli de mercure (fig. 77), en le lestant par un cylindre de platine *p*. Un petit godet creusé à l'extrémité supérieure vient se placer sous la pointe *a*, qui amène le courant, lequel entre dans la potence par le bouton *h*, traverse la pointe et le pôle supérieur de l'aimant, et sort par le mercure et l'anneau de cuivre B, qui est relié à la poupée *g*. Pour comprendre l'effet qui se produit alors, il faut se représenter l'aimant comme un faisceau de filets magnétiques. Le courant, qui descend suivant l'axe du faisceau, tend à porter vers sa gauche chacun des filets qui l'entourent, et il en résulte que l'aimant tourne autour de son axe vertical dans le sens des aiguilles d'une montre. En

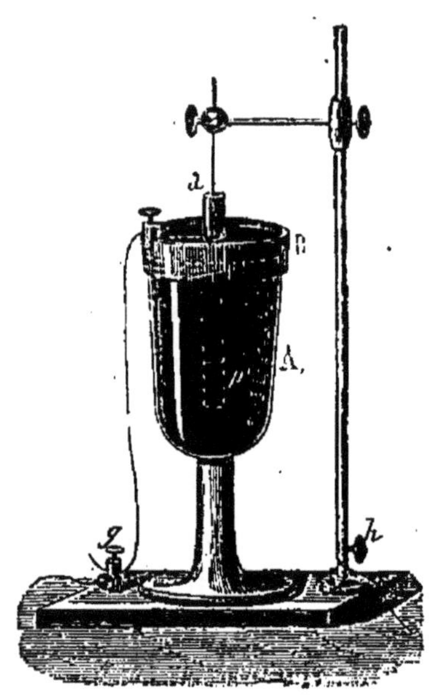

Fig. 77. — Rotation d'un aimant par un courant.

renversant le courant, on obtient une rotation en sens inverse.

En faisant plonger la pointe dans le mercure tout près de l'aimant, Ampère vit ce dernier se déplacer parallèlement à lui-même et faire le tour de la pointe.

La *roue de Barlow* est un appareil fondé sur les mêmes principes. C'est une roue dentée dont les dents viennent, quand elle tourne, lécher la surface d'un bain de mercure entre les deux branches d'un aimant en fer à cheval, couché horizontalement. Un courant électrique qui remonte par les dents de la roue et sort par l'axe de rotation est constamment repoussé par les deux pôles de l'aimant, et il en résulte que la roue tourne toujours dans le même sens.

Une expérience curieuse, due au docteur Roget, sert à mettre en évidence l'attraction réciproque des spires d'une hélice par une sorte de palpitation continue. L'hélice, suspendue à une potence de fer, touche par son extrémité inférieure un bain de mercure. Quand le courant passe, elle se contracte, quitte le mercure, et le courant est interrompu ; alors les spires retombent, le contact se rétablit, et le même effet se reproduit indéfiniment.

Les phénomènes de magnétisme terrestre prouvent que la terre se comporte comme un véritable aimant. Or nous avons vu que les aimants exercent sur les courants électriques mobiles une action mécanique, qu'ils leur impriment une déviation, et dans certains cas un mouvement de rotation continu. Il faut donc s'attendre à voir des effets du même genre se manifester sous la simple influence de la terre.

Un équipage mobile, formé d'un fil plié en rectangle (fig. 68), se place de lui-même dans un plan *perpendiculaire au méridien magnétique*, et de telle manière que le courant soit descendant du côté de l'est, ascendant du côté de l'ouest. Dans cette situation, l'aiguille d'une boussole, placée au centre du cadre,

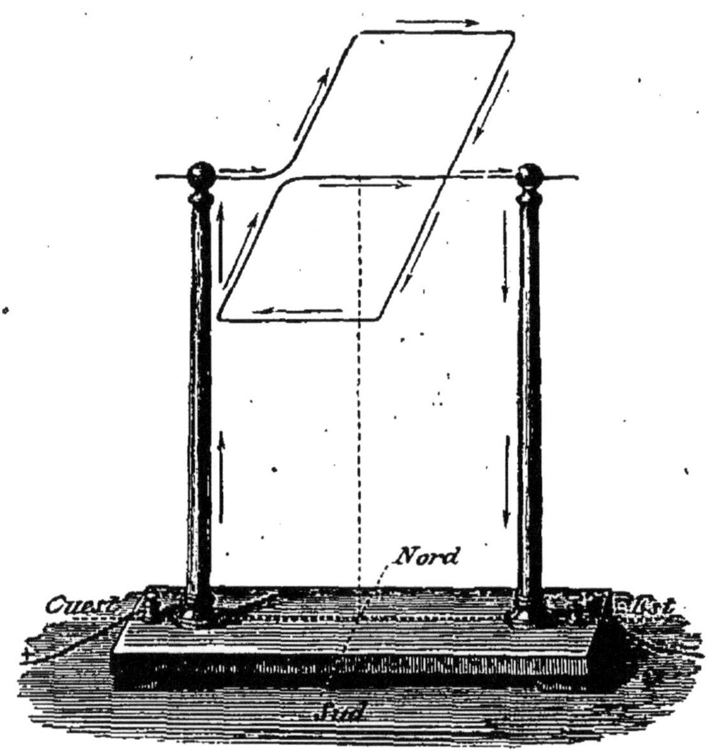

Fig. 78. — Direction d'un courant par la terre.

n'est point déviée de sa direction naturelle, puisque son pôle nord ou pôle austral se trouve naturellement à la gauche du courant ; elle est perpendiculaire au plan du cadre, et son pôle sud voit le courant marcher dans le sens *direct*.

Il y a plus. Si l'on rend le cadre mobile autour

d'un axe horizontal (fig. 78), et qu'on le place perpendiculairement au méridien magnétique, en faisant marcher le courant dans le sens qui vient d'être indiqué, le cadre s'incline de lui-même jusqu'à ce que son plan soit *perpendiculaire à l'aiguille d'inclinaison*.

Au lieu d'un cadre rectangulaire, on peut d'ailleurs employer un cercle ; l'effet est toujours le même : le plan du courant tend à se placer perpendiculairement à la direction de la force terrestre, et de manière que, pour un observateur placé du côté du sud, le courant marche dans le sens direct. Lorsqu'on renverse le courant de la pile, l'équipage se retourne bout pour bout.

La terre exerce donc sur un courant mobile une action directrice comme sur l'aiguille aimantée, et il faut tenir compte de cette influence terrestre dans les expériences sur les actions réciproques des courants. On y arrive de deux manières : ou bien on s'arrange de telle façon que la position initiale de l'équipage mobile soit précisément celle que lui donnerait la terre, et l'on observe la position d'équilibre qu'il prend entre la force terrestre et l'influence nouvelle à laquelle on le soumet ; ou bien on emploie des *équipages astatiques*, où le fil est replié de manière à former deux rectangles symétriques qui éprouvent des actions égales et contraires, parce que le courant y marche en sens opposé. La figure 79 représente deux équipages astatiques.

Pour expliquer l'action directrice que la terre exerce sur les courants mobiles, action dont la découverte est due à Ampère, on suppose que le globe est enveloppé d'un vaste courant qui va de l'est à l'ouest. Ce courant expliquerait également la direction de l'aiguille aimantée. On se trouve amené à cette hypothèse par les curieuses expériences de M. Pouillet, qui a étudié en détail toutes les conditions du phénomène de la direction des courants mobiles.

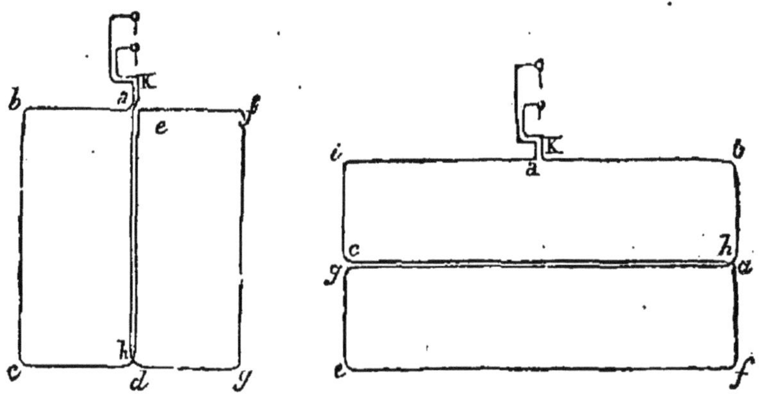

Fig. 79. — Équipages astatiques.

Il a été démontré plus haut qu'un courant horizontal indéfini imprime, aussi bien qu'un courant circulaire, une rotation continue à une portion de courant horizontal que l'on rend mobile autour de l'une de ses extrémités. En reprenant l'expérience de la rotation d'un courant horizontal (page 232), après avoir supprimé le multiplicateur circulaire, M. Pouillet vit le fil horizontal entrer en rotation aussitôt que les deux moitiés étaient traversées par le courant qui montait par le pivot central (fig. 74). Le fil tourne dans le sens rétrograde quand son propre courant va du centre aux extrémités, et dans le sens direct lorsqu'il va des extrémités au centre. En rapprochant ces faits des lois d'Ampère, on s'assure facilement qu'ils s'expliquent par l'existence d'un courant terrestre qui va de l'est à l'ouest.

Si l'expérience était disposée de telle sorte que le courant traversât le fil entier d'une extrémité à l'autre, les deux moitiés du fil éprouveraient des impulsions contraires, puisque dans l'une le courant marcherait de l'extrémité au centre de rotation, et dans l'autre du centre à l'extrémité; ces deux impulsions contraires se détruiraient, et il n'y aurait pas de rotation. Il s'ensuit que les branches horizontales des équipages mobiles d'Ampère sont astatiques, chacune par elle-même, puisque le courant les traverse d'une extrémité à l'autre en passant par le centre de rotation. C'est d'ailleurs ce qu'on peut vérifier directement avec un fil horizontal monté sur un pivot, et dont les extrémités plongent dans deux rigoles semi-circulaires pleines de mercure par lesquelles entre et sort le courant. La direction que la terre imprime à un équipage rectangulaire est donc uniquement due aux branches verticales.

Pour étudier l'action de la terre sur un courant vertical, M. Pouillet enroula un fil de cuivre sur une baguette de bois lestée d'un contre-poids K et mobile sur un pivot porté sur la colonne AB (fig. 80). Les deux extrémités du fil pendent verticalement et plongent dans deux cuvettes annulaires CC et DD, que l'on remplit d'eau acidulée et qui communiquent avec les deux pôles d'une pile. Dès que le courant passe dans le fil, la baguette tourne et vient se placer *perpendi-*

culairement au méridien magnétique, de telle sorte que le fil vertical se trouve à l'est de l'axe, si le courant est descendant, et à l'ouest de l'axe, si le courant

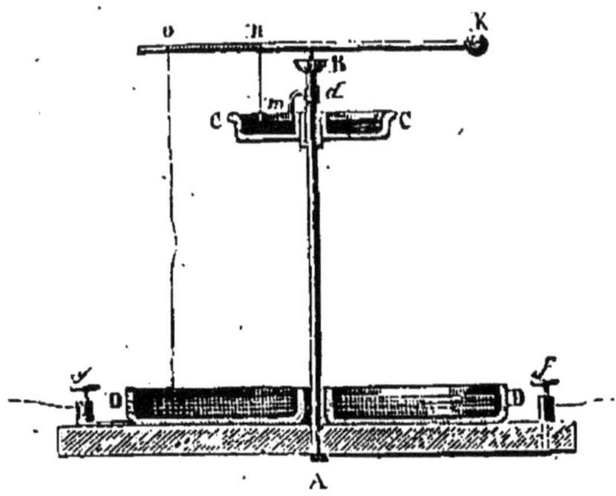

Fig. 80. — Transport d'un courant vertical.

est ascendant. C'est précisément la situation d'équilibre de chacune des deux branches verticales du rectangle mobile d'Ampère, dans lesquelles le courant marche en sens contraires, ce qui double l'action. Si l'on attache aux deux extrémités de la baguette deux fils verticaux où le courant est de *même sens*, l'action terrestre est annulée, et l'on a un équipage astatique.

La théorie montre que ces effets sont précisément ceux que doit produire un courant horizontal indéfini qui marche de l'est à l'ouest; ils diffèrent, on le voit, de l'effet que produit sur un courant vertical un courant circulaire (p. 232).

CHAPITRE III

LES SOLÉNOIDES

Un courant circulaire, librement mobile, se dirige, nous l'avons vu, dans un plan perpendiculaire au méridien magnétique, et même perpendiculaire à la direction de l'aiguille d'inclinaison, si l'appareil est assez bien équilibré pour qu'il puisse prendre cette position. Un assemblage de courants circulaires ayant tous leur centre sur la même droite sera donc dirigé par la terre; de façon que cet axe central soit parallèle à l'aiguille d'inclinaison; en un mot, l'axe du système se comportera comme une aiguille aimantée.

Ampère a réalisé un tel système, qu'il appelle *solénoïde*[1], par un fil tordu en hélice, dont les extrémités viennent ensuite se rejoindre au milieu du tube, où elles communiquent avec les rhéophores d'une pile. Les spires parallèles de l'hélice sont ainsi parcourues

[1] Du grec σωλήν, tube.

par le même courant, et il est permis de les considérer comme l'équivalent d'un assemblage de courants circulaires parallèles. Un solénoïde, suspendu comme on le voit dans la figure 81, se dirige dans le méridien magnétique, de telle manière que le courant marche dans le sens *direct* pour un observateur posté

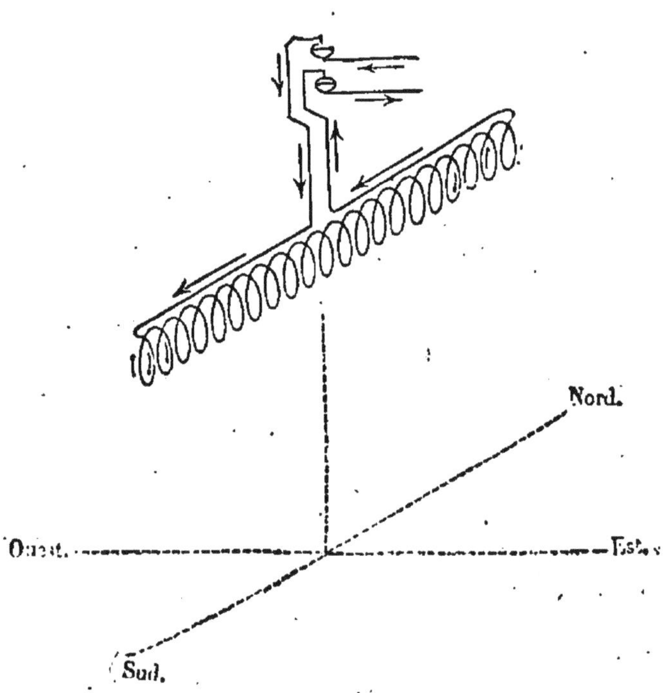

Fig. 81. — Solénoïde dirigé par la terre.

du côté du sud. Le pôle sud (ou pôle boréal) d'un solénoïde est donc celui qui, regardé en face, présente un courant *direct;* le pôle nord (ou pôle austral) est celui qui présente un courant rétrograde : il se trouve à la gauche du courant, si ce dernier regarde l'axe du solénoïde. Quand le solénoïde peut tourner autour d'un axe horizontal perpendiculaire au méridien, il se dirige comme l'aiguille d'inclinaison. Pour faciliter ces expériences, on fait maintenant les solénoïdes en fil d'aluminium, afin de les rendre plus légers. Théoriquement, on voit qu'un solénoïde pourrait remplacer l'aiguille de la boussole.

On peut d'ailleurs enrouler les solénoïdes de deux manières. Lorsqu'on enroule un fil en hélice autour d'un tube qu'on tient de la main gauche, on peut, en partant de l'extrémité gauche, faire tourner la main au-

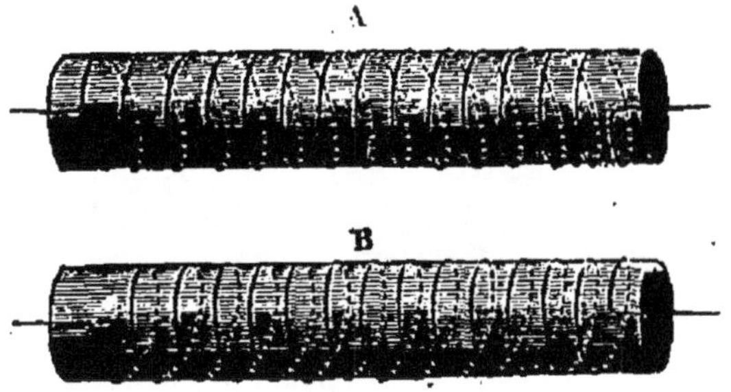

Fig. 82. — A, hélice gauche. B, hélice droite.

tour du tube dans le sens direct; on obtient alors une hélice *sinistrorsum*, ou simplement *hélice gauche* (fig. 82, A). On l'obtient aussi en partant de l'extrémité libre, et faisant tourner la main dans le sens inverse, car il est facile de voir qu'en exécutant le second mouvement après le premier la main ne ferait que revenir sur ses pas. Si, au contraire, on enroule dans le sens direct en partant de l'extrémité libre (extrémité droite du tube), ou bien dans le sens inverse en partant de l'extrémité gauche, on obtient une hélice *dextrorsum*, une *hélice droite* (fig. 82, B). C'est l'hélice des vis ordinaires et des tire-bouchons, dont les extrémités présentent des circonvolutions directes, tandis que les spires de l'hélice gauche s'en vont en sens inverse. En retournant bout pour bout une de ces hélices, il est facile de voir qu'on n'en change point le sens.

Il s'ensuit de ces définitions que le pôle austral, lequel est toujours à la gauche du courant qui regarde l'axe, se trouve pour le solénoïde gauche à l'extrémité par laquelle entre le courant, et pour le solénoïde droit à l'extrémité par laquelle il sort.

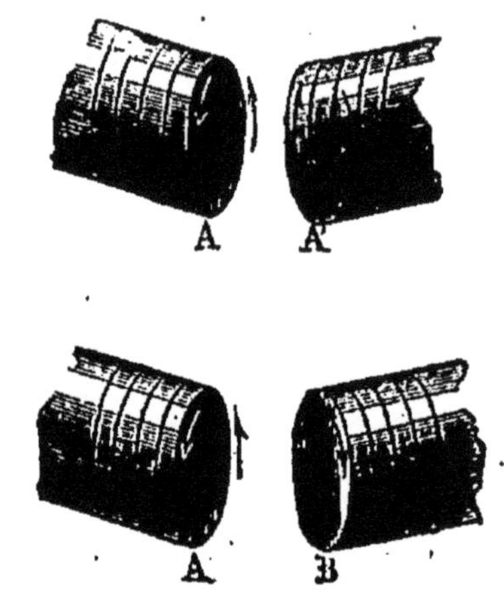

Fig. 83. — Attraction et répulsion des solénoïdes.

Les solénoïdes ne se dirigent pas seulement comme les aimants; l'analogie va plus loin, car leurs pôles de même nom se repoussent, et leurs pôles de noms contraires s'attirent. Ces effets s'expliquent d'ailleurs par les lois d'Ampère, car en présentant l'un à l'autre deux pôles de solénoïdes de même nom (fig. 83) on rapproche deux courants qui étaient de même sens lorsqu'on les regardait tous deux en face, mais qui marchent en sens contraire l'un de l'autre lorsqu'on les oppose comme le montre la figure; or nous savons que des courants de sens contraires se repoussent. De même, lorsqu'on présente l'un à l'autre deux pôles de noms contraires, les courants, qui marchaient en sens opposés, deviennent de même sens par la situation où ils se trouvent, et nous savons que des courants de même sens s'attirent.

Enfin les mêmes attractions ou répulsions se manifestent entre les pôles d'un solénoïde et ceux d'un aimant. Il y a un parallélisme évident entre les propriétés des aimants et celles des solénoïdes, et la similitude est telle qu'Ampère n'hésite pas à considérer les aimants comme de véritables solénoïdes, formés par une infinité de courants moléculaires. Dans cette hypothèse, le fer et l'acier aimantés sont le siège de courants électriques circulant autour de chaque particule. Ces courants élémentaires prennent naissance au moment de l'aimantation, — ou bien ils existent déjà dans la masse, mais ils sont d'abord dirigés dans tous les sens de manière à se neutraliser, et l'aimantation ne fait que les orienter tous de la même manière. Quoi qu'il en soit, dans l'aimant ces courants élémentaires sont tous parallèles et de même sens, comme le montre la figure 84, qui représente la section transversale d'un barreau aimanté. Dans les parties contiguës *a*, *b*, les effets sont alors opposés et se détruisent, mais les portions de courants qui affleurent le contour de la tranche composent ensemble un seul courant qui enveloppe le barreau, et ce dernier se trouve ainsi constitué en solénoïde[1].

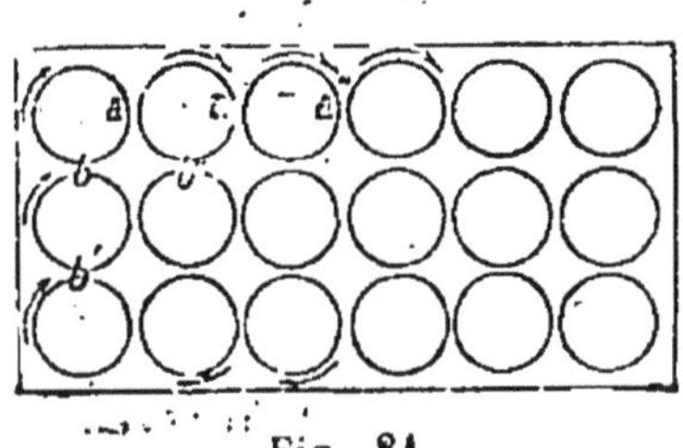

Fig. 84.
Courants moléculaires.

[1] On n'a pas tout dit lorsqu'on a déclaré que les aimants sont des solénoïdes ; il reste encore quelques difficultés à écarter. Ainsi le solénoïde n'agit pas indifféremment dans toutes les directions comme le fait l'aimant ; pour aimanter une aiguille, on peut appliquer le barreau

D'après cette théorie du magnétisme, la terre elle-même est sillonnée de courants électriques, dont la cause pourrait être cherchée, soit dans les actions chimiques de diverse nature qui s'opèrent incessamment dans son sein, soit dans l'influence variable de la chaleur solaire. L'ensemble de ces courants produit le même effet qu'un courant unique qui marche dans le plan de l'équateur magnétique de l'est à l'ouest, comme le soleil. Ce courant, s'il regarde le centre du globe, a le pôle sud, — le pôle austral du solénoïde terrestre, — à sa gauche. S'il regarde une aiguille aimantée suspendue au-dessus de lui, il a encore le pôle austral de l'aiguille à sa gauche, comme le demande la loi des actions réciproques des aimants et des courants.

M. Barlow a essayé de reproduire l'état magnétique de la terre, en enroulant sur un globe de bois un long fil conducteur en spires parallèles, puis couvrant le globe ainsi préparé des fuseaux de papier qu'on emploie pour confectionner un globe terrestre. Ces fuseaux étaient placés de manière à faire tomber les pôles magnétiques de la mappemonde sur les pôles des spires. Une aiguille astatique, promenée sur ce globe, prenait effectivement les directions connues de l'aiguille aimantée; elle marquait la déclinaison et l'inclinaison à peu près comme une aiguille libre à la surface de la terre.

dans un sens quelconque. Enfin le courant qui devrait passer dans un solénoïde pour produire le même effet qu'une aiguille aimantée de même dimension porterait à l'incandescence un gros fil de platine.

L'existence de courants à la surface de la terre a d'ailleurs été confirmée par les observations directes, faites sur des lignes télégraphiques convenablement disposées. On peut citer à cet égard les recherches entreprises par M. Lamont à Munich, par M. Walker et M. Airy en Angleterre, par Matteucci et le P. Secchi en Italie, par M. Dufour en Suisse. En somme, il paraît prouvé qu'il y a un courant qui marche de l'est à l'ouest; seulement, dans l'opinion de M. Lamont, le galvanomètre n'indique jamais le courant terrestre lui-même, il n'indique que les fluctuations de ce courant, les variations incessantes qu'il éprouve. Le courant terrestre, s'il était absolument constant, se propagerait exclusivement dans le sol, et ne viendrait point, par des dérivations, emprunter les circuits aériens de nos lignes.

La question de l'origine du courant terrestre n'est pas moins obscure. On a eu recours, pour en rendre compte, aux actions chimiques et notamment aux oxydations lentes qui s'accomplissent incessamment dans le sol; mais ce ne sont là que des causes locales qui doivent agir d'une manière irrégulière, et ne sauraient donner une direction fixe à un grand courant enveloppant toute la terre. L'influence manifeste du soleil sur les variations diurnes de l'aiguille aimantée a fait songer à des courants thermo-électriques développés par la chaleur solaire; mais l'on ne sait trop comment expliquer la production de ces courants. Tout cela est bien vague, et il faut dire la même chose des théories fondées sur les réactions du noyau central, sur l'induction magnétique produite par le soleil, etc.

Le plus prudent, c'est d'avouer que les termes du problème sont à peine posés.

L'existence du courant terrestre n'en est pas moins un fait capital. « Dans ce sol, qui semble immobile, et où s'élaborent tant de germes cachés, où se préparent tant de phénomènes futurs, circule sans repos, comme un fleuve intarissable, le courant mystérieux. Sous l'influence du soleil, il se précipite ou se ralentit, se déplace dans un sens ou dans un autre, promène sur la rondeur du globe son équateur et ses pôles; il obéit sans cesse aux lois harmonieuses des astres, et cependant il paraît n'être qu'un caprice de la terre, à cause de l'entre-croisement multiple de ses phénomènes à périodicités si diverses. De même que la fine aiguille aimantée tremble et s'agite comme un être affolé dans sa boîte suspendue près du gouvernail du navire, de même sur la terre entière les courants magnétiques oscillent et se déplacent sans relâche; obéissant aussitôt aux influences cosmiques qui se font sentir seulement à la longue sur les autres fonctions du globe, ils peuvent être comparés avec raison aux phénomènes nerveux dans l'organisme animal[1]. »

[1] Elisée Reclus, *la Terre*.

CHAPITRE IV

LES ÉLECTRO-AIMANTS

Dès le mois de septembre 1820, Arago découvrit que le fil conjonctif d'une pile possède des propriétés magnétiques, et qu'il aimante le fer doux. Ayant plongé dans la limaille de fer un fil que traversait le courant d'une pile très puissante, il le retira couvert d'une couche épaisse de limaille, qui se détachait aussitôt qu'on ouvrait le circuit. Au lieu de former des houppes hérissées, comme lorsqu'elles adhèrent aux pôles d'un aimant, les parcelles de fer se collaient sur le fil par séries circulaires qui l'entouraient comme des anneaux. On aurait pu croire qu'il s'agissait là d'un effet d'attraction électrique; mais l'action du courant ne s'exerçait que sur la limaille de fer : c'était un phénomène essentiellement magnétique.

Les grains de limaille s'aimantent donc par influence, et se placent en croix sur le fil. Arago parvint d'abord à aimanter également de petites aiguilles d'acier, en les plaçant en croix sur le fil conjonctif ;

le pôle nord était toujours à la gauche du courant.

Comme on pouvait le prévoir, on obtenait un effet plus marqué encore en entourant l'aiguille à magnétiser d'un fil replié en hélice. Quand le courant passe dans la bobine, l'aiguille s'aimante fortement, et le pôle austral se développe à la gauche du courant (qui est censé regarder l'aiguille). Le pôle austral de l'aimant qui se produit sous l'influence de l'hélice magnétisante est donc du même côté que le pôle austral du solénoïde représenté par cette hélice. Cela prouve que l'hélice magnétisante convertit l'aiguille ou le barreau d'acier qu'elle enveloppe en un solénoïde *semblable*.

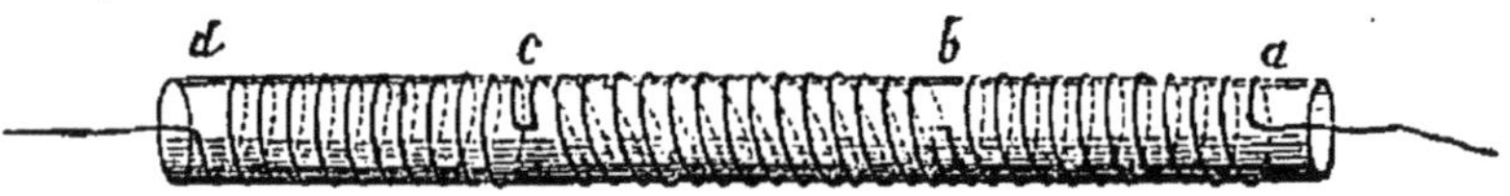

Fig. 85.— Points conséquents.

Pour obtenir une forte aimantation, on prend un fil couvert de soie, on l'enroule en spires serrées autour d'un tube de verre, puis, arrivé à l'extrémité, on revient en arrière en continuant d'enrouler dans le même sens, et ainsi de suite, de manière à former plusieurs couches de spires superposées. Les hélices sont alors alternativement droites et gauches, mais, comme le courant y entre aussi alternativement par les extrémités opposées, la marche du courant est en définitive la même dans toutes les spires.

Il n'en est plus ainsi lorsqu'après avoir enroulé le fil sur une partie du tube dans un certain sens on continue en sens inverse (fig. 85). Dans ce cas, la marche du courant ne pourra pas être la même dans les hélices consécutives, et l'aimantation développera des points conséquents aux endroits où les hélices changent de sens.

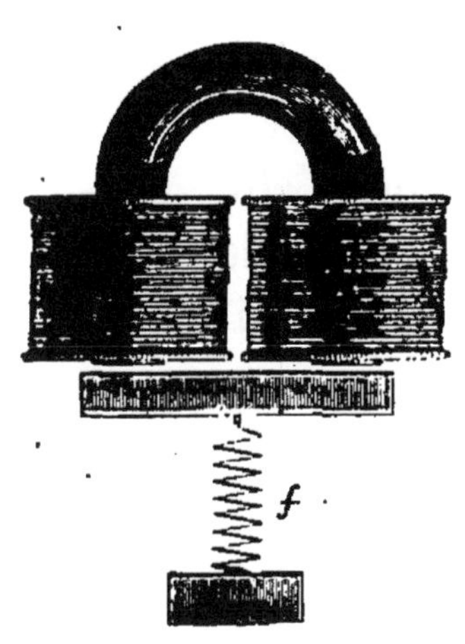

Fig. 86. — Électro-aimant.

On appelle *électro-aimants* les barreaux aimantés par l'influence d'un courant voltaïque. Nous avons déjà dit (page 62) que le fer doux s'aimante instantanément, et que l'aimantation disparaît avec la rupture du courant, à moins que les pièces de fer doux ne forment un circuit complet. Dans ce dernier cas — qui est le cas le plus ordinaire, le circuit étant représenté par un électro-aimant en fer à cheval et son *contact* (fig. 86 et 87), — le fer conserve encore après la rupture du courant une partie du magnétisme qui lui a été communiqué, et le *contact* ne se détache pas : c'est le phénomène du *magnétisme rémanent* dont nous avons déjà parlé. Pour les applications, c'est un inconvénient grave qu'on évite par l'interposition d'une feuille de carton ou d'une lame de bois entre le contact et les pôles de l'électro-aimant ; il suffit même d'un butoir qui empêche le *contact* de se coller contre les pôles. Grâce à cette précaution, le fer doux se désaimante à peu près instantanément lorsque le courant cesse de passer.

L'acier s'aimante plus lentement, mais en revanche il garde le magnétisme une fois acquis. Pour hâter l'opération, on place le barreau d'acier entre les pôles de deux forts électro-aimants pendant qu'on promène une bobine aimantée d'une extrémité à l'autre.

On doit à M. Hughes une forme spéciale d'électro-aimant qu'il a imaginée pour son télégraphe imprimant, et qui permet de provoquer une action mécanique d'une énergie pour ainsi dire indéfinie. Cette action n'est pas développée par l'électro-aimant : elle est tenue en réserve, et il ne fait que la mettre en liberté. L'électro-aimant Hughes se compose d'un fort aimant en fer à cheval, dont les branches sont prolongées par des cylindres de fer doux entourés de bobines. Ces cylindres deviennent les pôles de l'aimant, et maintiennent une palette en contact, en contrebalançant exactement une force antagoniste (poids ou ressort) qui peut être très considérable. Lorsqu'on fait passer dans les bobines un courant d'un sens déterminé, on affaiblit l'aimant, qui laisse échapper la palette, et il suffit pour cela d'un courant faible et in-

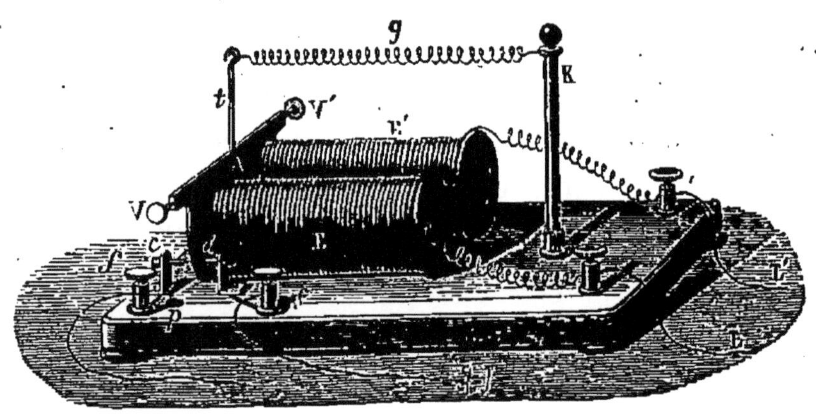

Fig. 87. — Relais.

stantané : c'est comme un coup de ciseau qui tranche un fil portant un poids. M. Lartigue a tiré parti de cet artifice ingénieux pour une série d'applications : ouverture ou fermeture des robinets, soupapes, valves, — sifflets automoteurs, sonneries d'urgence, déclics électriques, électro-sémaphores, etc.

La possibilité qui s'offre ainsi de créer à distance des attractions et des répulsions qui ne durent qu'un instant a fait songer en effet à une foule d'applications utiles, parmi lesquelles la plus importante est la télégraphie électrique. Ce sujet ayant été traité avec tous les détails qu'il comporte dans un autre volume de cette collection[1], il nous suffira de dire ici quelques mots seulement des origines de la télégraphie.

Dans les *Dialogues* de Galilée, publiés en 1632, il est question d'une soi-disant invention ayant pour but de transmettre des communications à distance par le moyen de l'aiguille aimantée. « Vous me faites souvenir, dit Sagredo, d'un homme qui voulait me vendre un secret pour parler, en profitant d'une certaine sympathie d'aiguilles aimantées, à quelqu'un qui fût éloigné de deux ou trois mille lieues. Quand je lui répondis que j'achèterais volontiers son secret, mais que je désirais d'abord en faire l'expérience en me plaçant dans une chambre et lui dans une autre, il objecta que l'opération ne pouvait bien se juger à si courte distance. Alors je le renvoyai en lui disant que je n'avais pas envie, pour le moment, de me rendre au Caire ou à Moscou, mais que, s'il y vou-

[1] Voir l'*Électricité*, par M. Baille.

lait aller lui-même, je ferais ma partie à Venise. »

Or une idée de ce genre est déjà exposée d'une manière beaucoup plus explicite, dans un ouvrage du P. Jean Leurechon, jésuite, imprimé en 1624 à Pont-à-Mousson, sous ce titre : *Récréation mathématique, composée de plusieurs problèmes plaisants et facétieux*. Voici le passage très curieux qui a trait à une espèce de télégraphe magnétique :

« Quelqu'uns ont voulu dire que par le moien d'un aimant, ou autre pierre semblable, les personnes absentes se pourroient entre-parler : par exemple, Claude estant à Paris, et Jean à Rome, si l'un et l'autre avoit une aiguille frottée à quelque pierre, dont la vertu fust telle, qu'à mesure qu'une aiguille se mouveroit à Paris l'autre se remuast tout de mesme à Rome, il se pourroit faire que Claude et Jean eussent chacun un mesme alphabet, et qu'ils eussent convenu de se parler de loing, tous les jours, à six heures du soir, l'aiguille ayant faict trois tours et demy, pour signal que c'est Claude, et non autre, qui veut parler à Jean. Alors, Claude lui voulant dire que le roy est à Paris, il feroit mouvoir et arrester son aiguille sur *l*, puis sur *e*, puis sur *r*, *o*, *y*, et ainsi des autres : or, en même temps, l'aiguille de Jean, s'accordant avec celle de Claude, iroit se remuant et arrestant sur les mêmes lettres, et partant il pourroit facilement escrire ou entendre ce que l'autre luy veut signifier. L'invention est belle, mais je n'estime pas qu'il se trouve au monde un aimant qui ait telle vertu : aussi n'est-il pas expédient, autrement les trahisons seroient trop fréquentes et trop couvertes. »

Le P. Leurechon écrivait sous le pseudonyme de H. van Etten. D'après M. Catalan, à qui j'emprunte cette citation, elle est précédée d'une figure représentant un cadran où se lisent les 24 lettres de l'alphabet; l'aiguille du cadran est arrêtée sur l'*a*. Deux nouvelles éditions de l'ouvrage ont paru en 1626 et en 1629; une traduction hollandaise en fut donnée par Wynant van Westen, mathématicien et organiste de la ville de Nimègue. Il est curieux que cent cinquante ans plus tard l'abbé Barthélemy, ayant eu à peu près la même idée, craignit aussi qu'on n'abusât d'une telle invention en l'appliquant à l'espionnage dans les armées et dans la politique; « mais, ajoute-t-il, elle serait bien agréable dans le commerce de l'amitié. »

De ces pressentiments confus, de ces rêves chimériques, la route est longue pour arriver à la télégraphie moderne avec ses moyens si variés, et rien ne prouve mieux quelle distance sépare le premier germe d'une idée de l'invention qui la réalise définitivement. Nos efforts pour avancer sont longs et pénibles comme la course acharnée de l'aiguille des minutes qui doit faire douze fois le tour du cadran avant que la petite aiguille, qui marque le progrès des heures, n'en fasse le tour une fois !

L'invention du télégraphe magnétique se faisant toujours attendre, on se résolut, vers la fin du siècle dernier, à recourir à un autre système. En 1793, Claude Chappe fait adopter son télégraphe aérien, et réussit à établir une ligne télégraphique de Paris à Lille. On s'y habitue si bien que, longtemps après l'introduction de la télégraphie électrique dans toute l'Europe, en

France on hésite encore à y renoncer. Et pourtant c'est à un savant français que l'on doit la première idée de l'application de l'électro-magnétisme à la télégraphie : Ampère l'a nettement formulée dans un livre publié en 1821.

Ajoutons qu'avant l'invention du télégraphe aérien, Lesage, à Genève, avait essayé de transmettre des signaux par un long fil, à l'aide de l'étincelle électrique ordinaire, et que d'autres, après lui, avaient fait des essais dans la même direction. Onze ans après la découverte de Volta, Sœmmering avait tenté de tirer parti, pour le même usage, de la décomposition de l'eau par le courant de la pile. Mais tous ces essais, fort curieux au point de vue de la théorie, étaient restés sans résultat pour la pratique. L'idée d'Ampère, qui consistait à utiliser la déviation de l'aiguille aimantée par le courant électrique, était d'une exécution plus facile, et promettait d'être plus féconde ; il s'écoule néanmoins encore plus de quinze ans avant qu'elle soit sérieusement mise à l'essai. C'est en 1837 seulement que Steinheil, en Allemagne, et Wheatstone, en Angleterre, construisent les premiers télégraphes électriques fondés sur ce principe. Il est vrai que la protection que les clôtures des chemins de fer promettaient aux fils télégraphiques contre la malveillance était venue encourager les inventeurs.

Le premier télégraphe de Wheatstone (car il en a inventé plusieurs) est un *télégraphe à aiguilles :* les signaux s'obtiennent par les mouvements de deux aiguilles aimantées qui sont déviées à droite ou à gauche. Celui de Steinheil était un *télégraphe enregis-*

treur ou *télégraphe écrivant*, car les aimants mobiles portaient des crayons qui marquaient des points sur le contour d'une roue. Un peu plus tard, M. Morse, profitant des inventions de ses devanciers, combina un autre système de télégraphe écrivant, beaucoup plus simple et plus commode ; c'est le « télégraphe américain, » dont l'organe principal est un style commandé par un électro-aimant, qui marque des séries de traits et de points sur un ruban de papier. L'appareil de Morse est de tous le plus répandu : il a été adopté dans la plupart des pays.

A côté des télégraphes à aiguilles et des télégraphes écrivants, on emploie encore les *télégraphes à cadran* de MM. Wheatstone et Breguet, où une aiguille que fait tourner un mouvement d'horlogerie, commandé par un électro-aimant, désigne sur un cadran les lettres ou les chiffres composant une dépêche. Enfin on commence à faire un grand usage du télégraphe *imprimeur* de M. Hughes et du système *autographique* de M. Caselli, qui livrent, le premier une dépêche tout imprimée, le second un *fac-simile* de l'écriture de l'expéditeur. Ce sont là les systèmes les plus en faveur aujourd'hui ; ils ne représentent qu'une très petite fraction de ceux qui ont été imaginés depuis quarante ans, et dont le nombre dépasse déjà deux cents. Tout récemment, les divers systèmes de *téléphones*, qui transmettent la parole même par l'intermédiaire d'un fil électrique, sont venus grossir cette liste et ouvrir à la télégraphie des perspectives inattendues.

Si l'on ajoute maintenant aux télégraphes les horloges électriques, les sonneries, les chronoscopes, les freins, les embrayeurs, et une foule d'autres appareils qui reposent sur l'emploi des électro-aimants, on peut dire que peu de découvertes scientifiques sont devenues, en si peu de temps, si fécondes en applications utiles.

CHAPITRE V

L'INDUCTION

Pour achever de mettre dans tout son jour l'étroite liaison qui existe entre les phénomènes magnétiques et ceux de l'électricité en mouvement, il ne restait plus qu'à montrer qu'il était possible de faire de l'électricité avec du magnétisme. Ampère a longtemps cherché vainement la solution du problème dont les termes se trouvaient ainsi renversés, et, bien qu'il l'ait entrevue dès 1822, il fut réservé à Faraday de la donner. C'est en 1831 que le physicien anglais découvrit les courants d'induction.

Le grand fait constaté par Faraday est le suivant: Un courant qui s'établit ou qui cesse de passer dans un conducteur quelconque, un courant dont on fait varier l'intensité, un courant qu'on approche ou qu'on éloigne, fait instantanément naître un courant dans un circuit fermé voisin. On obtient le même résultat avec un aimant dont on fait varier la distance ou la force. Les courants ainsi produits cessent avec la cause qui les fait naître : on les appelle *courants d'induction* ou *courants induits*.

Pour constater l'existence et déterminer le sens des courants induits, on intercale dans le circuit fermé un galvanomètre. On trouve ainsi que le courant induit est de même sens que le courant inducteur quand ce dernier s'éloigne, diminue ou s'annule, et de sens contraire quand il s'approche, augmente ou s'établit. Dans le premier cas, on le nomme courant *finissant* ou *direct*, dans le second courant *commençant* ou *inverse*. Or nous savons que deux courants de même sens s'attirent, et que deux courants de sens contraires se repoussent. Un courant qui s'éloigne fait donc naître un courant induit qui l'attire, et un courant qui s'approche développe un courant induit qui le repousse. L'établissement du courant équivaut à un rapprochement instantané, et en le faisant cesser on produit le même effet que si on l'éloignait instantanément jusqu'à l'infini. — On peut, comme l'a fait Lenz, réunir les deux cas dans un même énoncé : *toutes les fois qu'on produit un déplacement relatif entre un courant et un circuit fermé à l'état naturel, celui-ci est traversé par un courant d'induction qui réagit pour déterminer un déplacement inverse.* On le voit, les courants induits sont essentiellement des effets de réaction.

Nous avons supposé l'un des circuits à l'état naturel. Lorsqu'il est déjà lui-même le siège d'un courant, le courant induit vient simplement s'ajouter à ce dernier, pour en augmenter l'intensité s'il est de même sens, ou la diminuer s'il est de sens opposé.

Il s'ensuit que toutes les fois que deux courants se déplacent l'un par rapport à l'autre, il en résulte dans chacun des deux circuits des courants d'induction qui, selon le cas, augmentent ou diminuent l'intensité des courants primitifs. Il s'ensuit aussi que, lorsqu'un courant fixe imprime un mouvement quelconque à un courant mobile, il se développe dans les deux circuits

Fig. 88. — Induction par le mouvement d'une bobine.

des courants d'induction qui tendent à produire le mouvement contraire, qui par conséquent sont inverses des courants primitifs et en diminuent l'intensité. Le mouvement produit représente donc une *dépense*, une *perte* de force.

On peut constater ces phénomènes avec de simples fils conducteurs ; mais on les rend plus sensibles en employant des bobines, qui multiplient l'effet des courants.

Prenons, par exemple, deux bobines dont l'une peut se loger dans l'intérieur de l'autre (fig. 88) ; faisons communiquer la première avec la pile, la seconde avec un galvanomètre. Au moment où l'on introduit la première bobine dans la seconde, l'aiguille du galvanomètre accuse un courant *inverse*, et un courant *direct* au moment où on la retire. Les aimants se comportant comme des bobines, on prévoit qu'on obtiendra les mêmes effets en remplaçant la bobine mobile par un barreau aimanté (fig. 89). Au moment où le barreau est introduit dans la bobine fixe, il s'y manifeste un courant de sens déterminé, et un courant de sens contraire lorsque le barreau est retiré.

Fig. 89.
Induction par un aimant.

Au lieu d'induire le courant dans la bobine fixe par le mouvement d'un aimant permanent, on peut aussi le produire par l'aimantation passagère d'un cylindre de fer doux qu'on y installe à demeure, et qu'on aimante à l'aide d'un barreau qu'on en approche (fig. 90). Enfin on peut enrouler sur une même bobine deux fils parallèles, dont l'un communique avec un galvanomètre, tandis que les extrémités de l'autre plongent dans deux godets qui communiquent avec la pile (fig. 91). Le galvanomètre accuse un courant d'induction *direct*, c'est-à-dire de même sens que le courant inducteur, au moment où l'on interrompt ce dernier, et un courant *inverse* au moment où on le rétablit. On obtient également un courant direct en affaiblissant le courant inducteur, soit par l'introduction d'une résistance nouvelle dans le circuit de pile, soit par une dérivation qu'on peut

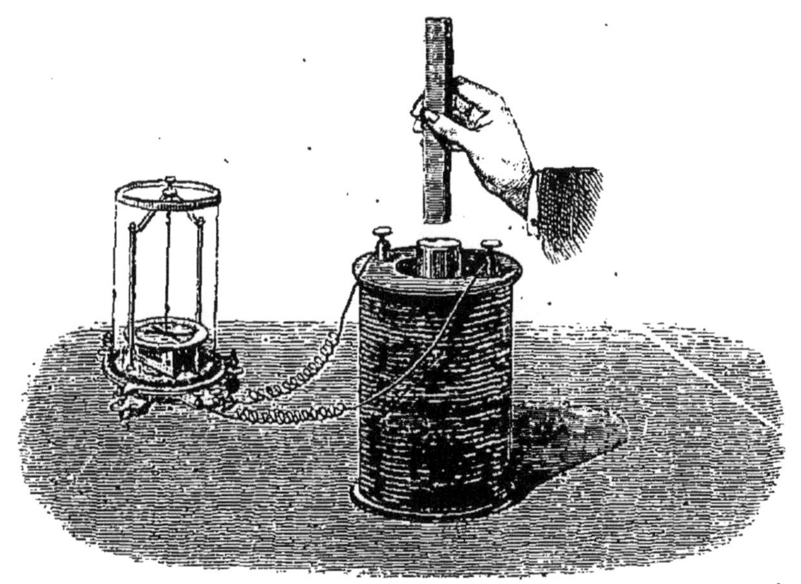

Fig. 90. — Induction par l'aimantation d'un barreau.

établir en réunissant les deux godets par un fil conducteur. En supprimant cette dérivation, on obtient ensuite un courant d'induction inverse.

On conçoit enfin que l'aimant terrestre puisse induire un courant dans un circuit conducteur auquel on imprime un mouvement déterminé. D'après la loi de Lenz, il est facile de prévoir le sens du courant d'induction que l'on obtiendra de cette manière : ce sera un courant qui, sous l'influence directrice du globe, tendra à prendre le mouvement inverse de celui qui l'aura fait naître.

Cette loi est très commode pour déterminer à l'avance le sens des courants induits qui prendront naissance à la suite d'un déplacement relatif quelconque, opéré entre un courant électrique ou un aimant d'une part, et un circuit fermé naturel de l'autre : l'action mécanique qui se produit entre l'inducteur et le fil

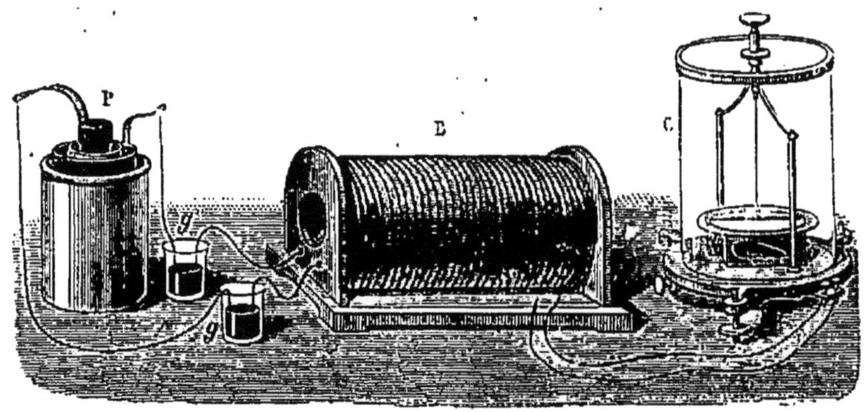

Fig. 91. — Bobine d'induction.

induit tend à provoquer un déplacement inverse de celui qui a fait naître le courant induit. C'est comme si l'équilibre des polarités, troublé par le rapprochement ou l'éloignement du corps inducteur, tendait à se rétablir par une sorte de réaction élastique. Le courant induit est en quelque façon une résistance détruite.

La découverte des phénomènes d'induction ouvrait une nouvelle source d'électricité. On conçoit en effet que, par des mouvements de va-et-vient ou de rotation convenablement combinés, on puisse arriver à recueillir des courants d'induction *continus* comme ceux de la pile. Faraday y était parvenu en mettant en communication le centre et le bord d'un disque de cuivre, qui tournait entre les pôles d'un aimant. Les machines de M. Gramme et de M. Lontin ont plus récemment réalisé le même résultat d'une manière plus heureuse. Cependant les premiers électro-moteurs fondés sur l'induction se contentaient de courants induits de sens alternativement contraires, que l'on *redressait* au besoin, c'est-à-dire qu'on ramenait à un sens constant, par un artifice mécanique.

Les courants s'obtiennent dans ces machines, soit par l'interruption incessante d'un courant inducteur (bobine de Ruhmkorff), soit par des mouvements de rotation qui écartent et rapprochent périodiquement des bobines et des aimants (*machines magnéto-électriques* de Pixii, Clarke, Page, etc.). En répétant ces mouvements alternatifs dans une succession rapide, on peut obtenir une grêle de courants induits tellement rapprochés, qu'ils semblent former un flux continu d'électricité, comme les gouttes de pluie qui se pressent pendant une averse nous semblent se réunir en filets d'eau tendus entre le ciel et la terre.

Au premier abord, ce résultat peut paraître peu de chose. On arrive par des moyens détournés à produire un courant intermittent qui est presque un courant continu ; ne serait-il pas plus simple de faire usage du courant de la pile, qui fonctionne sans interruption? On va voir qu'il n'en est rien. Les courants induits ont des propriétés particulières que ne possèdent pas les courants de la pile ; ils offrent, en plus des qualités importantes qui distinguent ces derniers, l'énorme tension de l'électricité de frottement. Les courants d'induction représentent donc en quelque sorte la réunion des deux formes de l'électricité entre lesquelles il y avait comme un abîme, l'électricité « dynamique » des piles, caractérisée par l'abondance du fluide, et l'électricité « statique » des machines à plateaux de verre, à tension très forte qui se manifeste par des étincelles acérées. La première avait le privilège d'opérer les décompositions chimiques, car une pile d'un petit nombre d'éléments dégage en très peu de temps l'hydrogène de plusieurs grammes d'eau, tandis que les étincelles foudroyantes d'une machine à frottement décomposent à peine une goutte de liquide en quelques heures. On voit que la *quantité* d'électricité, qui se mesure par l'effet chimique, est extrêmement faible dans les machines, quoiqu'elle présente une tension qui manque à l'électricité voltaïque. Pour donner une idée de la supériorité de la pile comme source d'électricité, nous dirons que les deux masses de fluides contraires qui, dans un voltamètre, décomposent 9 grammes d'eau, feraient explosion à 1 mètre de distance, si on pouvait les employer à charger deux bouteilles de Leyde d'un kilomètre carré de surface. Condensés sur deux nuages distants d'un kilomètre, les mêmes fluides exerceraient une attraction d'environ 2 milliards de kilogrammes. Malgré cette énorme tension, ils ne produiraient que l'effet chimique d'une petite pile de quelques couples. En revanche, ils pourraient opérer les terribles effets mécaniques et physiologiques de la foudre, tandis que la pile ne fournit que des étincelles tout à fait insignifiantes.

Les courants d'induction mettent en mouvement des quantités d'électricité aussi abondantes que celles qui constituent les courants ordinaires; ils présentent en outre la tension qui produit les étincelles. Grâce à cette troisième forme de l'électricité, nous pouvons obtenir d'une manière presque continue les plus puissants effets de fulguration des anciennes machines, sans avoir besoin de charger à chaque fois une grande batterie de bouteilles de Leyde. Les machines d'induction réalisent en quelques instants ce qui autrefois exigeait un long travail de préparation. Elles fournissent tout ce que l'on peut obtenir à l'aide des piles et au moyen des machines à frottement, attractions, répulsions, étincelles, chaleur, lumière, actions chimiques, commotions nerveuses, aimantation du fer, etc.; elles sont devenues indispensables à la science, à l'industrie, à l'art de guérir. Tout le monde connaît aujourd'hui la bobine de Ruhmkorff, dont les effets sont comparables à ceux de la foudre. Les machines *magnéto-électriques*, qui permettent d'obtenir des courants continus sans pile, par la seule influence d'un aimant, sont employées avec succès pour la galvanoplastie et fournissent l'éclairage le plus économique que l'on puisse rêver pour une grande usine; on commence également à les utiliser pour la télégraphie. Ces machines transforment en électricité le travail mécanique dépensé à vaincre la réaction qui s'exerce à chaque instant entre l'aimant et les bobines. Dans la forme qui leur a été donnée par

M. Siemens, qui supprime encore l'aimant, elles réalisent la transmutation immédiate du mouvement en électricité voltaïque et en magnétisme. Nous les décrirons toutes sommairement.

Si la découverte de l'induction par Faraday a marqué pour ainsi dire une ère nouvelle dans les applications de l'électricité, elle n'est pas moins importante à un point de vue purement philosophique. Qu'est-ce donc que ces forces instantanées qu'un mouvement fait naître à distance, qui cessent d'agir aussitôt que ce mouvement s'arrête? Quelle mystérieuse liaison de toutes les parties de la matière est la cause de cette résonance électrique en vertu de laquelle le contre-coup d'un changement survenu dans l'intérieur d'un corps se fait sentir immédiatement dans les corps voisins? Ne dirait-on pas qu'un réseau invisible de forces inconnues s'étend d'atome en atome, et qu'il est impossible d'en briser une maille sans ébranler une légion de fils enchevêtrés?

L'importance du rôle que les courants d'induction jouent dans la nature sera encore mieux comprise, si nous en rapprochons les phénomènes du magnétisme de rotation, qui ont été découverts avant les premiers, mais qui sont restés sans explication jusqu'au jour où Faraday parvint à les rattacher aux courants induits.

On avait souvent observé dans l'atelier des constructeurs qu'il était difficile de faire osciller une aiguille aimantée dans le voisinage d'une masse de cuivre; les oscillations s'éteignaient comme par l'effet d'une résistance invisible. Arago constata le même fait sur une boussole à fond de cuivre construite par Gambey ; il crut à une impureté du métal employé, et en fit la remarque à l'artiste. Gambey déclara que son cuivre était pur de tout mélange et qu'il connaissait l'action de ce métal sur les aimants; on pria un chimiste de procéder à une analyse, et il fut prouvé que le disque de la boussole ne contenait pas la moindre parcelle de fer.

Arago se mit alors à étudier le phénomène qu'un

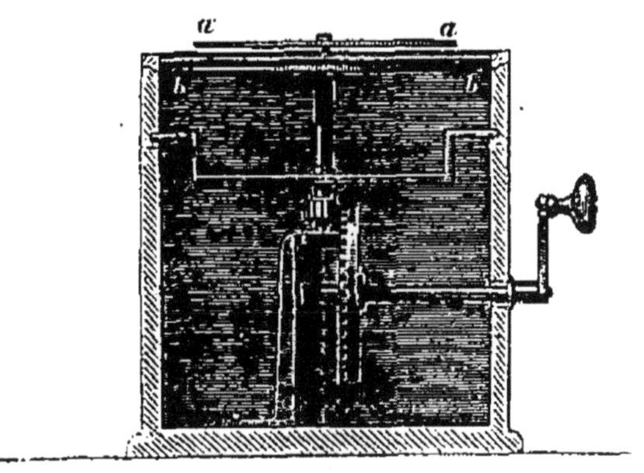

Fig. 92. — Magnétisme de rotation.

heureux hasard lui avait révélé. Il fit tourner un plateau de cuivre au-dessous d'une aiguille aimantée mobile sur un pivot (fig. 92), et vit l'aiguille d'abord se dévier d'un certain angle, puis la déviation augmenter avec la vitesse de rotation, et finalement l'aiguille tourner dans le même sens que le disque.

M. Babbage et sir John Herschel renversèrent l'expérience. Au lieu de faire tourner un disque au-dessous d'une aiguille aimantée, ils firent pivoter un aimant en fer à cheval au-dessous du disque, et ils constatèrent que le disque était entraîné par les pôles de l'aimant.

Faraday à son tour renversa l'expérience de Gambey. Il suspendit à un fil un petit bloc de cuivre de manière à l'amener entre les pôles d'un grand électro-aimant. Faraday tordait le fil de suspension et le laissait ensuite se détordre. Le bloc de cuivre tournait et retournait. Au moment où le courant était lancé dans les spires, il s'arrêtait; le mouvement recommençait dès qu'on interrompait le courant. Lorsqu'on essayait de faire aller et venir le cuivre entre les pôles de l'aimant rendu actif, on sentait une résistance comme si on coupait du beurre. Faraday appelle cette résistance la *viscosité apparente du champ magnétique.*

On voit qu'il s'exerce une action très sensible entre l'aimant et une masse métallique en mouvement; cette action s'explique d'une manière naturelle par l'existence de courants induits qui prennent naissance dans le métal et qui réagissent sur l'aimant. Le courant qui résulte d'un rapprochement produit une répulsion, le courant qui est engendré par la séparation des deux masses donne lieu à une attraction; il s'ensuit que l'effet final équivaut toujours à une résistance. C'est comme s'il y avait là un frottement contre l'espace. Ce frottement peut devenir une source de chaleur : M. Joule, en essayant de faire tourner rapidement un morceau de plomb dans le champ magnétique, c'est-à-dire entre les pôles d'un puissant électro-aimant, a vu le plomb se fondre et couler.

On connait aussi la belle expérience de Léon Foucault sur la résistance passive du champ magnétique. Au moyen d'une manivelle et de roues dentées, on imprime une rapide rotation à un disque de cuivre entre les pôles d'un électro-aimant. Tant que le courant ne passe pas, on n'a aucune difficulté à faire tourner la manivelle ; mais dès que le courant est lancé dans les bobines, il faut dépenser un effort considérable pour continuer le mouvement, et le disque s'échauffe comme le ciseau d'un tourneur. Évidemment il s'agit là d'un effet de réaction comme dans tous les cas où l'on voit se produire des courants induits.

M. Snow-Harris a tiré parti du phénomène observé par Gambey pour diminuer les oscillations de l'aiguille de la boussole à bord des navires : il a fait construire des compas dont la cuve est doublée d'un épais anneau de cuivre destiné à éteindre les oscillations.

CHAPITRE VI

BOBINES D'INDUCTION. — MACHINES MAGNÉTO-ÉLECTRIQUES ET DYNAMO-ÉLECTRIQUES

Un des caractères distinctifs des courants d'induction, c'est leur tension considérable, qui les rapproche des courants instantanés fournis par la bouteille de Leyde. Cette tension se manifeste par les étincelles que l'on voit jaillir entre les extrémités d'un fil induit lorsqu'on les laisse écartées, et par les commotions que l'on ressent si l'on tient à la main les extrémités du fil au moment où se produit l'induction. Les courants ordinaires n'ont qu'une tension infiniment moindre : en écartant les rhéophores d'une pile, on n'obtient en général, par la rupture du courant, qu'une étincelle faible, à peine sensible, et on n'en obtient pas du tout en les rapprochant pour fermer le circuit.

Toutefois, quand le fil qu'on emploie est très long, et surtout lorsqu'il est enroulé sur une bobine, on obtient une étincelle vive et bruyante et l'on reçoit une commotion très forte au moment de la rupture du courant. L'exception n'est qu'apparente, car la tension qui permet dans ce cas au courant de franchir l'intervalle des rhéophores est due à un effet d'induction. Au moment de l'ouverture du circuit, le courant finissant dans chaque spire induit dans les spires voisines un courant direct qui s'ajoute au courant principal, et il en résulte un renforcement assez sensible pour que l'étincelle de rupture puisse traverser la couche d'air interposée entre les extrémités du fil. Ce courant direct, qui vient renforcer le courant principal au moment de la rupture, et qui est dû à l'induction du courant sur lui-même, a reçu le nom d'*extra-courant*.

Au moment de la fermeture du circuit, il se produit également un effet d'induction, mais il en résulte un courant inverse, le *contre-courant*, qui affaiblit le courant principal. Dans le fil d'une bobine, le courant finissant a donc, grâce à l'extra-courant, une tension très supérieure à celle du courant commençant. C'est sur les effets de l'extra-courant que reposent les applications de l'électricité au traitement des paralysies.

Une particularité remarquable du courant d'induction que l'on obtient par l'interruption du courant inducteur, c'est qu'il se compose d'une suite *d'oscillations*, dont le nombre dépend de l'intensité de l'inducteur. Quand la durée totale du courant induit dépasse par exemple $\frac{1}{1000}$ de seconde, les oscillations successives ne durent souvent que $\frac{1}{10000}$ ou même $\frac{1}{20000}$ de seconde. L'étincelle d'induction est aussi une décharge oscillante, comme l'ont prouvé MM. Donders,

Nyland et d'autres, en la recevant sur un cylindre tournant, où elle perce une série de petits trous.

Les effets de tension des courants induits avaient été mis en pleine lumière dès 1842 par MM. Masson et Breguet. En mettant à profit les résultats obtenus par ces habiles expérimentateurs, M. Ruhmkorff

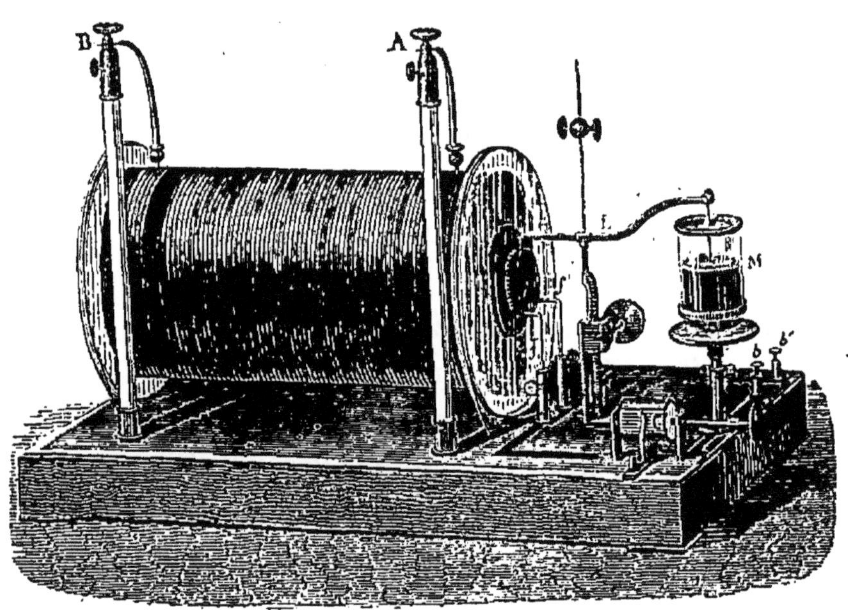

Fig. 93. — Bobine de Ruhmkorff.

parvint vers 1851 à construire la bobine d'induction qui porte son nom, et qui est représentée dans la figure 93.

L'appareil se compose de deux bobines, séparées par un cylindre de verre et dont les spires sont soigneusement isolées par des couches de mastic. La bobine intérieure ou bobine inductrice est formée d'un fil gros et court, la bobine extérieure ou bobine induite d'un fil très fin et très long; le fil induit peut avoir 30 et jusqu'à 150 kilomètres, tandis que le fil inducteur ne dépasse guère 50 ou 60 mètres. Ce dernier, dont on voit les extrémités en ff', communique avec la pile par l'intermédiaire de l'interrupteur LM et du commutateur C, qui sert à changer au besoin le sens du courant. L'interrupteur est formé par un ressort qui porte un levier L, terminé à droite par une pointe qui plonge dans le godet M ; le courant passe quand cette pointe touche le mercure, il est interrompu quand elle le quitte. Pour obtenir cette interruption d'une manière automatique, l'extrémité gauche du levier L est lestée d'une petite masse de fer doux, et la bobine intérieure renferme un faisceau de gros fils de fer qui s'aimantent sous l'influence du courant et attirent la masse de fer doux.

Le jeu de l'appareil est maintenant facile à comprendre. Chaque fois que le courant est lancé dans le fil intérieur, il aimante le faisceau central ; ce dernier attire le levier L, la pointe sort du mercure, et le courant se trouve interrompu. Dès lors le faisceau central perd son magnétisme, le levier L se détache, la pointe plonge de nouveau, et le courant se trouve rétabli; puis les mêmes alternatives se reproduisent indéfiniment.

Chaque interruption du courant inducteur développe dans le fil induit un courant direct, et chaque fermeture un courant inverse ; mais l'expérience montre que les courants directs ont une tension très supérieure à celle des courants inverses, et il en résulte qu'ils dominent entièrement ces derniers. Ils produisent des effets de tension surprenants : on voit jaillir entre les rhéophores A B des étincelles de 30 à 40 centimètres de longueur, et lorsqu'on emploie la machine de Ruhmkorff à charger une batterie de Leyde, on peut arriver à des effets foudroyants.

Dès qu'on vit que l'induction par les aimants permettait d'obtenir des courants sans pile, on songea aussi à tirer parti de cette découverte pour construire des électro-moteurs d'une nouvelle espèce. Ces machines produisent des courants par un mouvement de rotation qui éloigne et rapproche tour à tour une bobine d'un aimant. Les courants d'induction, à la vérité, sont de sens alternativement contraires, mais on les redresse, c'est-à-dire les ramène à une direction unique, par un *commutateur* qui intervertit les voies de communication entre la bobine et le reste du circuit aussitôt que le courant change de sens. Le commutateur est nécessaire toutes les fois qu'il s'agit de produire des effets chimiques, mais la lumière électrique peut s'obtenir avec des courants alternés.

La première machine magnéto-électrique a été construite en 1833 par Pixii, sur les suggestions d'Ampère. Dans cet appareil, une manivelle faisait tourner un faisceau aimanté en fer à cheval A (fig. 94) sous une bobine fixe BB', suspendue à une traverse horizontale entre deux montants de bois. Un commutateur ramenait les courants induits à un sens constant.

Cette machine, lourde et encombrante, fut bientôt remplacée par les appareils de Saxton et de Clarke, où le faisceau aimanté reste fixe pendant que la bobine tourne devant ses pôles. Dans la machine de

Clarke (fig. 95), l'aimant AB est dressé verticalement contre une planchette, et un volant à manivelle imprime une rotation rapide à une double bobine qui

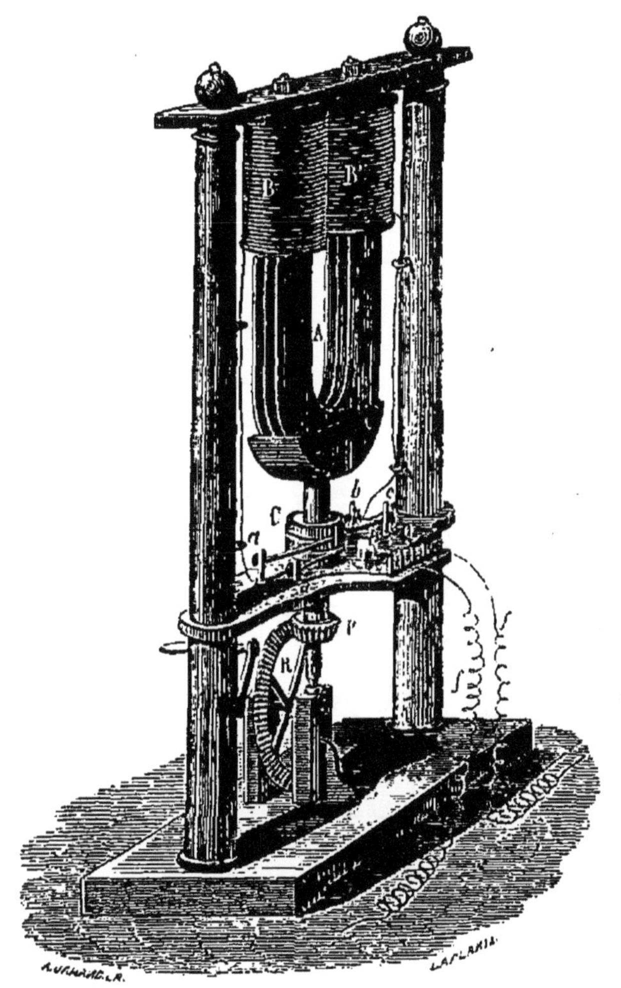

Fig. 94. — Machine de Pixii.

renferme deux noyaux de fer doux, réunis par une pièce de même métal tt'. Les bobines passent, à chaque demi-révolution, en face et tout près des pôles de l'aimant ; le fil est enroulé de manière que les deux bobines donnent un courant identique, mais ce double courant change de sens à chaque demi-tour de

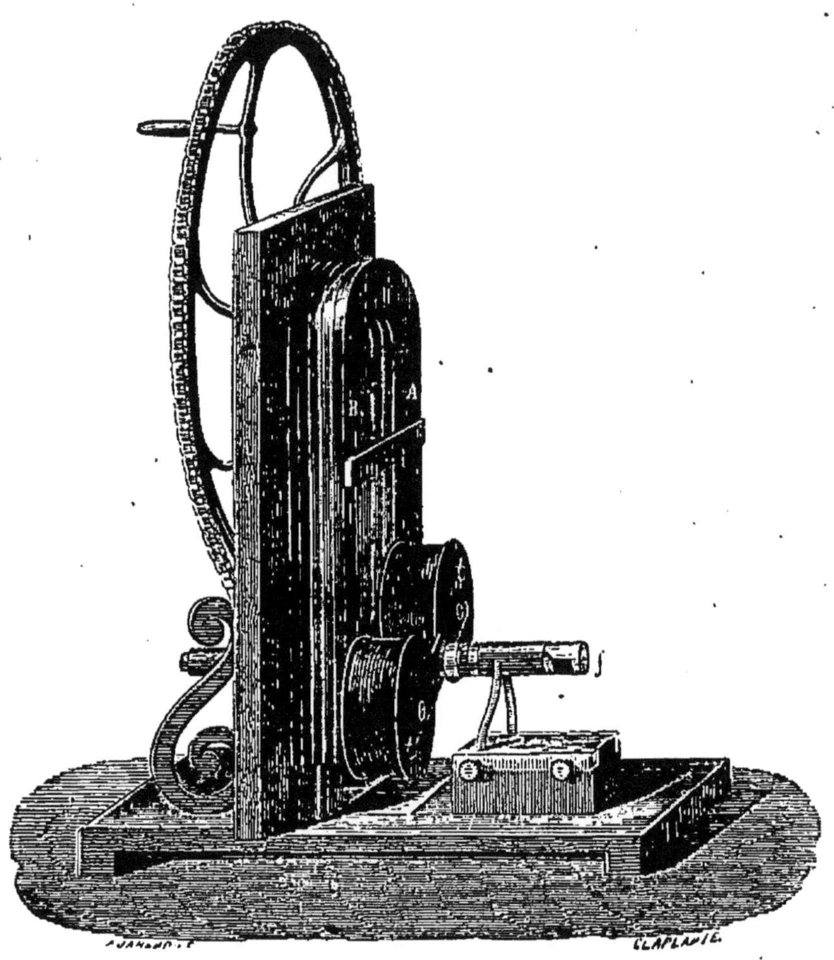

Fig. 93. — Machine de Clarke.

l'axe de rotation. Pour le ramener à un sens fixe, on fait communiquer les deux extrémités du fil avec les deux moitiés séparées d'une virole appliquée sur la surface isolante de l'axe de rotation ; chacune de ces moitiés reste pendant un demi-tour en contact avec l'un des deux ressorts qui s'appuient sur l'axe *f*, et pendant le demi-tour suivant avec le ressort opposé. Le courant se trouve ainsi renversé dans le circuit chaque fois qu'il change de sens dans les bobines, et il en résulte qu'il conserve toujours le même sens dans le circuit. Grâce à ce commutateur, on obtient donc avec la machine de Clarke des courants à peu près continus et doués d'une forte tension.

La machine de Clarke forme le point de départ de la machine imaginée, en 1850, par le professeur Nollet de Bruxelles, à laquelle M. Van Malderen a donné sa forme actuelle, et qui est construite par la Compagnie *l'Alliance* pour l'éclairage de nos phares (fig. 96). Six anneaux de bronze, armés chacun de seize bobines, sont fixés sur un même arbre horizontal dont la rotation est produite par une petite machine à vapeur. Les six couronnes de bobines tournent entre sept rangées de huit faisceaux aimantés, qui sont disposés en rayons autour de l'arbre horizontal, de sorte que de chaque côté d'un anneau se trouve une série d'aimants qui lui présentent leurs seize pôles. A chaque révolution, on obtient seize courants (huit directs, huit inverses) ; avec une vitesse de quatre tours par seconde, cela donne soixante-quatre changements dans le même temps. Quand la machine sert à l'éclairage, on se dispense de redresser les courants alternatifs ; mais cela devient nécessaire lorsqu'il s'agit de produire des actions chimiques. Avec un moteur de quatre chevaux de force, et une vitesse de quatre tours par seconde, la machine de l'*Alliance* donne une lumière qui équivaut à 180 becs Carcel.

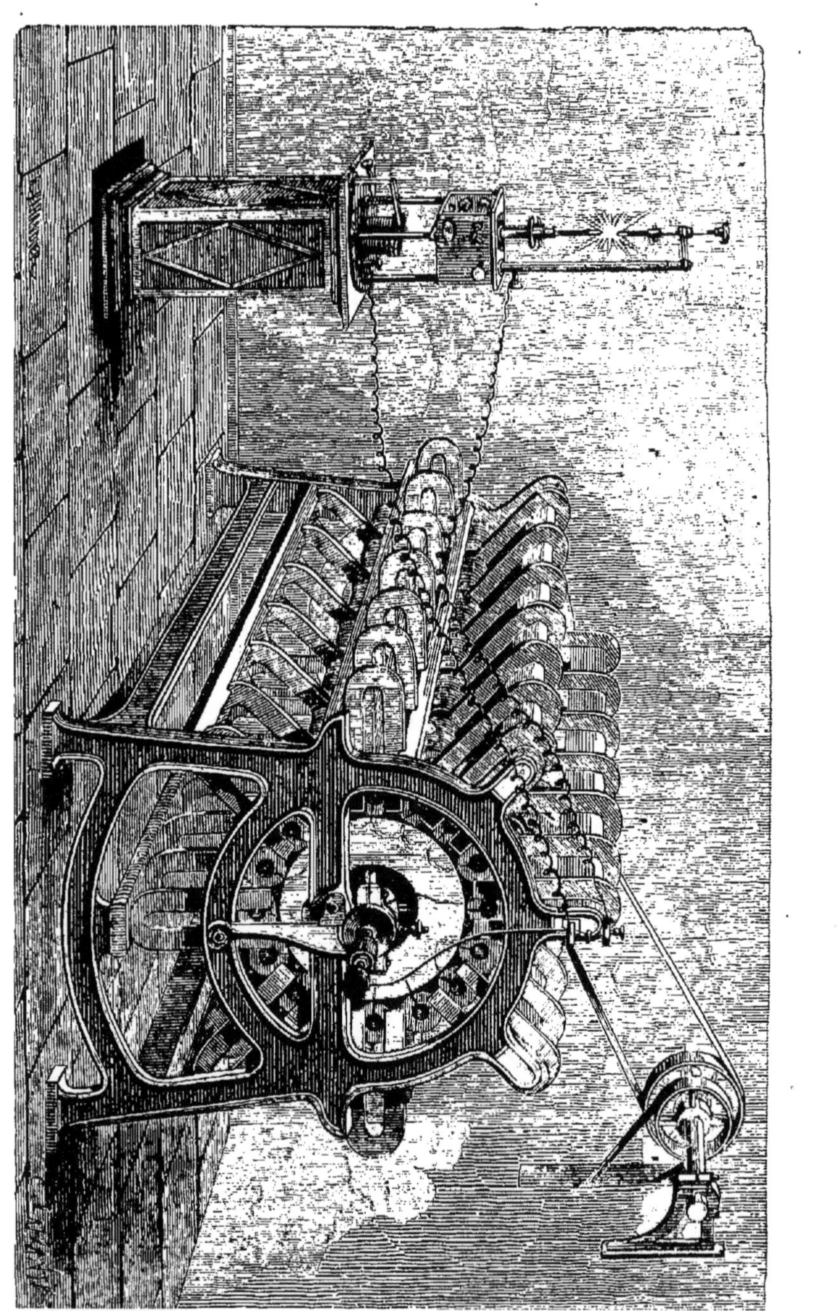

Les faisceaux aimantés de la machine de Nollet pourraient encore être remplacés par des électro-aimants, et ces derniers, au lieu de rayonner autour du plateau, pourraient être disposés perpendiculairement au plan de ce dernier comme les bobines elles-mêmes, auxquelles ils présenteraient leurs pôles de face. C'est la disposition adoptée par M. Wilde, de Manchester, depuis 1875, comme nous le verrons plus loin.

Mais le système de Nollet, très commode pour l'éclairage, où l'on peut utiliser les courants alternatifs, n'est guère avantageux lorsqu'il faut redresser les courants, parce qu'il exige un commutateur fort compliqué. Cette difficulté se trouve éludée d'une manière très heureuse dans les machines de M. Gramme et de M. Lontin.

Imaginons que dans la machine de Clarke la double bobine soit remplacée par un plateau circulaire garni d'une ceinture de bobines et tournant devant les pôles de l'aimant en fer à cheval ; supposons toutes ces bobines reliées entre elles en série, de manière à former un circuit continu. Si elles sont parallèles à l'axe de rotation, comme dans la machine de Clarke, ou si elles rayonnent autour de cet axe, comme dans la machine de M. Lontin, les bobines sont à angle droit avec les branches de l'aimant lorsqu'elles passent en regard des pôles, et il s'ensuit que le courant qui les traverse change de signe au moment du passage. Ce courant va dans un sens déterminé pendant que la bobine se transporte du pôle boréal au pôle austral, et en sens contraire pendant qu'elle revient au pôle boréal. Il en résulte que toutes les bobines qui se trouvent d'un côté de la ligne des pôles sont traversées par un même courant, et toutes celles qui se trouvent de l'autre côté par un courant contraire. Si l'on pouvait recueillir ces courants par deux ressorts collecteurs aux deux points où ils se rencontrent, les deux moitiés du plateau seraient associées en batterie comme deux piles que l'on réunit par leurs pôles de même nom. On y parvient en reliant les points de jonction des bobines à l'axe de rotation par des baguettes métalliques, et en faisant frotter sur cet axe deux ressorts ou pinceaux placés sur la ligne des pôles. Chacun des deux ressorts se trouve constamment en contact avec une baguette où se confondent les deux courants en opposition.

Quand les bobines sont couchées sur la circonférence du plateau, de manière à former un anneau continu, comme dans la machine de M. Gramme, elles sont parallèles aux branches de l'aimant au moment où elles passent en regard des pôles, et le sens du courant change lorsqu'elles arrivent à mi-chemin entre les deux pôles. Dans ce cas, il y a encore deux séries semi-circulaires en opposition, mais la ligne de partage est perpendiculaire à la ligne des pôles, et les ressorts collecteurs doivent être placés en croix avec les pôles.

Les bobines de la machine de M. Gramme sont d'ailleurs enroulées d'une manière continue sur un anneau de fer doux, qui s'aimante par influence et ajoute son effet à celui de l'aimant inducteur. Les deux pôles qu'y développe ce dernier sont fixes dans l'espace, mais mobiles dans la masse de l'anneau ; tout se passe comme si les bobines glissaient sur un aimant circulaire permanent.

La figure 97 représente l'aspect général d'une ma-

Fig. 97. — Machine de Gramme.

chine de Gramme ; on y voit l'anneau-bobine, les baguettes qui établissent la communication avec l'axe, et les deux pinceaux métalliques qui servent de collecteurs du courant.

M. Lontin enroule ses bobines sur les dents d'un *pignon inducteur* de fer doux, qui s'aimante également sous l'influence de l'aimant en fer à cheval, et qui est un organe essentiel de son système.

L'appareil de Page est d'un système différent. Il se compose d'un aimant horizontal enveloppé d'une bobine, devant les pôles duquel tourne un morceau de fer doux. Le fer s'aimante dans des sens alternativement contraires et fait naître dans la bobine des courants induits que l'on redresse par un commutateur fixé sur l'axe de rotation, qui permet aussi de recueillir un extra-courant.

En 1854, M. Werner Siemens a imaginé pour ces

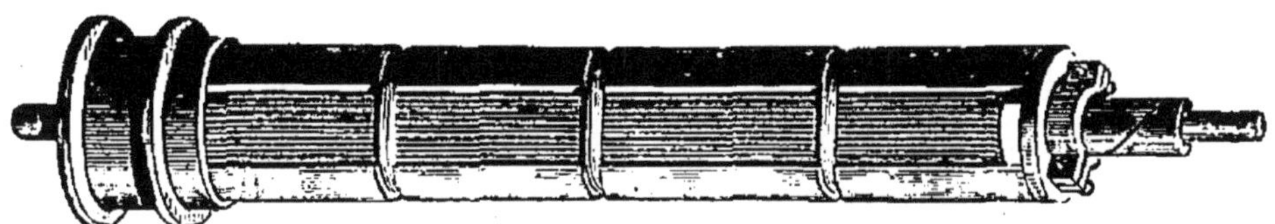

Fig. 98. — Bobine de Siemens.

machines une forme de bobine très avantageuse, connue sous le nom de bobine ou d'armature de Siemens. C'est un cylindre en fonte de fer, creusé de deux rainures longitudinales qui reçoivent le fil enroulé en rectangle (fig. 98). Ce cylindre tourne autour de son axe dans le creux d'une armature qui se compose de deux segments longitudinaux de fer forgé, séparés par deux lames de bronze ; il tourne entre ces segments sans les toucher. Sur l'armature sont posés à cheval les pôles d'un faisceau d'aimants. Un commutateur redresse les courants alternatifs. Grâce à cette disposition, on peut à volonté allonger le fil de la bobine, et le faible diamètre du cylindre permet de lui imprimer une vitesse de rotation considérable. On obtient ainsi des effets très remarquables avec des appareils de petites dimensions.

Un physicien anglais, M. H. Wilde, de Manchester, a fait en 1866 un pas de plus. Il s'est dit que les courants obtenus par la rotation de la machine pouvaient être employés à créer un électro-aimant si on les lançait dans une bobine enroulée autour d'un noyau de fer doux, et que cet électro-aimant serait probablement beaucoup plus fort que l'aimant permanent qui lui donnerait naissance. L'expérience confirma cette prévision. Avec quatre petits aimants pesant chacun 1 livre et pouvant porter ensemble un poids de 20 kilogrammes, M. Wilde se procura un électro-aimant qui portait 500 kilogrammes. Cette augmentation du pouvoir portatif peut être poussée beaucoup plus loin par un choix convenable des dimensions relatives de toutes les parties de la machine. Comment l'expliquer?

La réponse est toute trouvée : c'est le pouvoir mécanique employé à faire tourner la machine qui se convertit en magnétisme. La faible quantité de magnétisme qui existe déjà dans l'aimant permanent agit ici comme une sorte de ferment : elle amorce le jeu des transformations.

La machine de Wilde, représentée dans la figure 99, se compose de deux étages semblables : ce sont deux machines de Siemens superposées. L'étage supérieur est le générateur, qui lance le courant dans le fil de l'électro-aimant de l'étage inférieur ; cet électro-aimant est formé de deux plaques parallèles de fer doux réunies en haut par une plaque transversale qui sert de support au générateur, et appuyées sur une armature semblable à celle de la première machine.

Lorsqu'on interrompt la communication de l'électro-aimant avec le générateur, il ne perd pas sa force tout de suite ; vingt-cinq secondes après la rupture du courant, on peut encore tirer de brillantes étincelles de l'électro-hélice. C'est une preuve que l'électro-aimant accumule et condense une charge électrique. On constate aussi que ses spires opposent une résistance temporaire au passage du courant. Lorsqu'on place quatre aimants seulement sur l'armature supérieure, le courant n'atteint son intensité maximum qu'après quinze secondes, et il l'atteint au bout de quatre secondes avec un générateur plus puissant.

M. Wilde fit d'abord construire une machine dont les deux armatures avaient 6 centimètres 1/2 de calibre intérieur; une machine à vapeur leur imprimait une vitesse de rotation de 2 500 tours par minute. Avec cette machine, il faisait rougir un fil de fer de 1 millimètre d'épaisseur sur une longueur de 60 centimètres, et il le faisait fondre sur une longueur de 20 centimètres. Quand on prenait pour l'électro-aimant une armature d'un calibre double, le courant faisait fondre 38 centimètres d'un fil de fer de près de 2 millimètres d'épaisseur.

Il était à prévoir qu'on obtiendrait des résultats encore plus considérables avec une machine à triple effet, ou à trois étages, où le courant de la seconde bobine serait employé à créer un second électro-aimant, entre les pôles duquel tournerait une troisième bobine. M. Wilde donna à la plus grosse des trois

Fig. 99. — Machine de Wilde.

machines combinées un calibre de 25 centimètres;

l'électro-aimant dont les plaques avaient $1^{m},25$ de hauteur, pesait 3 tonnes, le poids total de la machine atteignait 4 tonnes 1/2. Elle était munie de deux bobines de rechange, une bobine d'intensité, sur laquelle on avait enroulé 114 mètres de fil de près de 3 millimètres de diamètre, et une bobine de quantité, avec 20 mètres d'une bande de cuivre assez épaisse. La vitesse de rotation était de 1500 tours par minute ; elle était produite par une machine à vapeur de la force de 15 chevaux. En combinant cette machine avec une autre d'un calibre de 12 centimètres, puis celle-ci avec une troisième de 4 centimètres seulement, garnie de six aimants permanents qui pesaient chacun 1 livre, M. Wilde constitua une machine à triple effet dont l'électricité élevée à la troisième puissance faisait fondre sur une longueur de 37 centimètres une baguette de fer de 6 millimètres pleins de diamètre, ou bien un fil de cuivre de 3 millimètres ; on fit même fondre une barre de platine de 60 centimètres de longueur et dont l'épaisseur dépassait 6 millimètres. Ces effets s'obtenaient avec la bobine de quantité. Avec la bobine d'intensité, on pouvait faire fondre un fil de fer de $1^{mm},3$ sur une longueur de 2 centimètres, ou le faire rougir sur une longueur de plus de 6 mètres. Dans ce formidable torrent de chaleur, les métaux les plus réfractaires se liquéfient en un clin d'œil.

Le pouvoir éclairant de la machine de Wilde n'est pas moins extraordinaire. Dans une expérience, on plaça sur un toit élevé une lampe électrique garnie de deux crayons de charbon de 12 millimètres de côté, et on la mit en rapport avec la machine à triple effet. Aussitôt on en vit jaillir une lumière qui projetait sur les murs les ombres des becs de gaz dans un rayon de six à sept cents pas. Jamais lumière artificielle n'avait eu cet éclat. Une feuille de papier photographique, exposée à ces puissants rayons, fut noircie en si peu de temps que, d'après un calcul fort simple, cette lumière, placée à un mètre de distance, doit produire tout autant d'effet que le soleil de midi au mois de mars.

La Commission des phares d'Écosse adopta pour les essais d'éclairage une machine Wilde à double effet, avec des bobines de 6 et de 18 centimètres de calibre pour le générateur et l'électro-aimant, auxquelles une machine à vapeur de trois chevaux imprimait des vitesses de 2500 et de 1700 tours par minute respectivement. Mais ces énormes vitesses constituent un grave inconvénient. Une partie du travail est convertie en chaleur, les bobines s'échauffent considérablement, et il en résulte un affaiblissement du courant, sans compter que la chaleur détruit les enveloppes isolantes du fil des bobines. Il est difficile, pour cette raison, de réaliser avec ces machines un éclairage constant pendant 8 ou 10 heures. Cependant on les vit bientôt se répandre dans les ateliers industriels, on en tira parti pour la photographie, pour la galvanoplastie, pour la fabrication de l'ozone, etc., en refroidissant les bobines par un courant d'eau glacée.

M. Wilde pendant ce temps continuait ses recherches. En 1873, il a publié la description d'une nouvelle machine, absolument différente de l'ancienne.

C'est un plateau circulaire de fonte, armé d'une ceinture de seize bobines, comme les plateaux des machines de *l'Alliance*, et qui tourne entre deux rangées circulaires de seize électro-aimants perpendiculaires au plan du plateau, et opposés par leurs pôles aux seize bobines. Le courant de deux bobines sert à charger le système des électro-aimants, les autres sont réunies de manière à fournir le courant du circuit extérieur. Avec une vitesse de 1000 tours par minute, cette machine fait fondre 3^{m},6 de fil de fer de 2 millimètres d'épaisseur, et fournit une lumière qui équivaut à 1200 becs Carcel. Elle exige alors une force de 10 chevaux.

Dans les machines que nous avons décrites jusqu'ici, la source première de tous les phénomènes est encore le magnétisme d'un aimant permanent qui sert de base à la transformation du travail mécanique en électricité. On peut aller plus loin, supprimer l'aimant et le remplacer par un simple morceau de fer doux, qui devient électro-aimant par la vertu des courants qu'il induit lui-même dans la bobine qui tourne en face de ses pôles. Cela semble paradoxal, mais l'expérience n'en réussit pas moins. C'est la transformation la plus directe, la plus immédiate du mouvement mécanique en électricité. Toutefois cette transmutation ne s'opère pas, il faut l'avouer, d'emblée et pour ainsi dire sans cérémonies. Les machines ont besoin d'être *amorcées* avec une quantité minime de fluide tout préparé, sorte de ferment qui détruit les polarités opposées, en réveille l'antagonisme endormi, et excite le jeu des manifestations diverses qui s'appellent magnétisme, courants induits, etc. C'est ainsi qu'une horloge toute montée ne commence à marcher que si on pousse le balancier; ensuite la pesanteur se charge et du balancier et des aiguilles, tant il est vrai qu'il n'y a que le premier pas qui coûte.

Pour amorcer les machines *dynamo-électriques* (c'est le nom qu'on leur donne parce qu'elles transforment la force mécanique en électricité), pour les mettre en train, il suffit de toucher le noyau de fer doux avec un aimant, ou de le placer seulement dans le méridien magnétique, afin d'y déterminer un commencement d'aimantation au moment où la bobine commence sa rotation entre les pôles du futur électro-aimant. Ensuite on n'a plus qu'à faire tourner une manivelle pour entretenir les courants induits : ils s'alimentent directement de la force mécanique qui produit la rotation de la bobine. Ajoutons que la machine n'a même besoin d'être amorcée que la première fois : dans la suite, la faible trace de magnétisme rémanent que garde le fer doux suffit pour la mettre en train. Les courants induits sont d'abord faibles, mais peu à peu le magnétisme s'accumule dans l'électro-aimant à mesure que s'accroît la vitesse de rotation, et bientôt l'intensité des courants arrive à un maximum où elle se maintient, si la vitesse demeure constante.

C'est à M. Siemens que revient la priorité de l'idée de substituer à l'aimant inducteur des machines magnéto-électriques un électro-aimant alimenté par le retour du courant. Il a construit la première machine *dynamo-électrique* vers la fin de l'année 1866, et en a donné la description au mois de janvier suivant. M. Wheatstone avait eu la même idée de son côté, mais sa communication à la Société royale n'est datée que du mois de février 1867. Des machines construites sur ce principe ont figuré à l'exposition universelle de Paris, en 1867 ; on y remarquait celle de M. Siemens et celle de M. Ladd, qui en différait par une modification assez importante.

Les machines *dynamo-électriques* produisent donc des courants induits sous l'influence d'un électro-aimant alimenté par ces mêmes courants ; comme ils sont alternatifs, on les redresse par un commutateur avant de les lancer dans le fil de l'électro-aimant. On peut maintenant, — et c'est la manière la plus simple d'utiliser ces courants, — on peut intercaler dans le circuit un appareil où ils produiront un travail quelconque, travail chimique, génération de chaleur, etc. C'est ainsi que le courant de la première machine exposée par M. Siemens était lancé par un interrupteur dans un fil destiné à l'inflammation des mines. Mais on peut s'y prendre autrement.

M. Wheatstone a constaté qu'il obtenait un accroissement notable de tous les effets lorsqu'il détournait de l'électro-aimant une partie du courant par un pont transversal. On diminue ainsi la force électro-motrice, mais on diminue aussi, et dans une proportion beaucoup plus forte, la résistance que rencontre le courant dans son circuit ; le résultat est donc une augmentation d'intensité. On le voit, M. Wheatstone alimente son électro-aimant par une *dérivation* du courant principal. Il paraît cependant que cette disposition ne convient pas à toutes les machines de ce genre : dans beaucoup de cas, on a trouvé plus avantageux de lancer dans l'électro-aimant le courant entier.

La disposition imaginée par M. Ladd, constructeur d'instruments de physique à Londres, est très diffé-

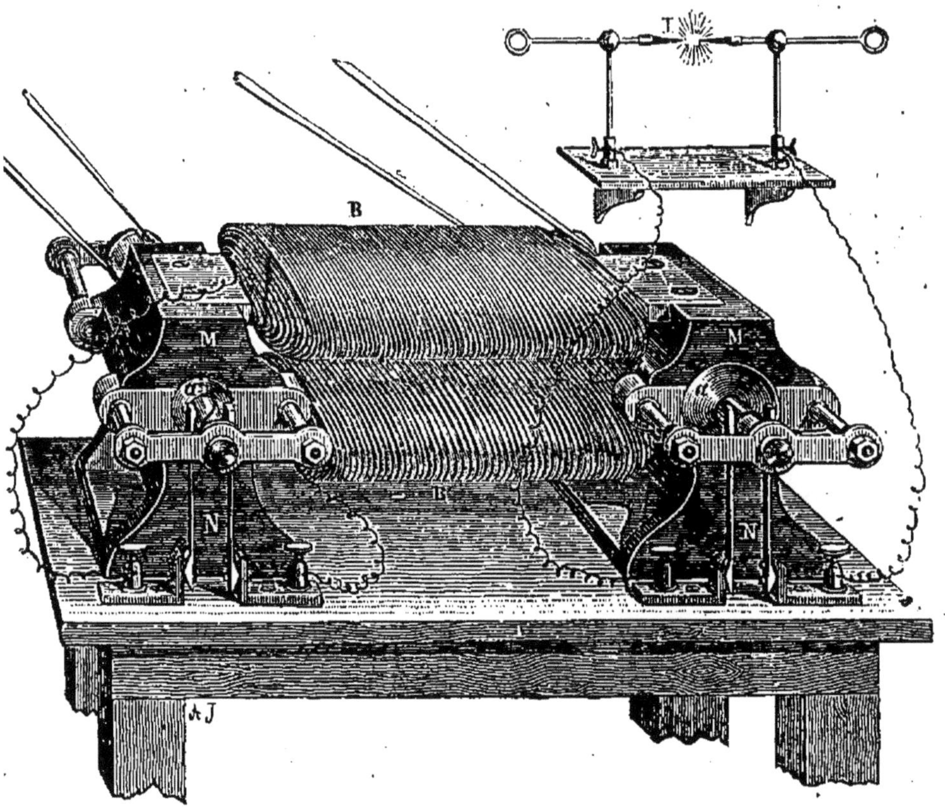

Fig. 100. — Machine de Ladd.

rente. M. Ladd emploie un électro-aimant à *quatre* pôles, formé de deux lames parallèles et horizontales, et deux bobines de Siemens, qui tournent en face des pôles opposés, comme on le voit dans la figure 100. Le courant de la première bobine alimente l'électro-aimant, celui de la seconde est employé à faire un travail quelconque, par exemple à produire la lumière électrique. La machine exposée par M. Ladd en 1867 donnait, avec la force de 1 cheval, un éclairage électrique équivalent à celui qui s'obtient par 40 éléments de Bunsen ; elle tenait dans un espace de 60 centimètres sur 30 et 18. Pour éviter l'inconvénient des deux bobines qu'il fallait faire tourner séparément, M. Ladd a plus tard modifié la disposition de sa machine en plaçant les deux bobines sur le même axe, avec des surfaces polaires croisées. Enfin M. Ruhmkorff enroule sur une bobine unique deux fils séparés dont un seul est en communication avec l'électro-aimant.

M. Lontin et M. Gramme ont aussi perfectionné leurs machines magnéto-électriques en substituant aux aimants permanents des électro-aimants animés par le retour du courant. M. Gramme a trouvé que cette disposition permet de réaliser une économie considérable : on augmente le rendement dans une forte proportion, tout en diminuant le volume et le poids de la machine, et en économisant une partie de la force motrice. Dans les machines de Gramme destinées à l'éclairage, l'anneau-bobine tourne autour d'un axe horizontal, entre deux électro-aimants parallèles à cet axe. Les modèles ordinaires donnent une lumière de 50 à 150 becs Carcel, avec des moteurs de $\frac{1}{2}$ à 1 cheval-vapeur. Ce sont des appareils simples, commodes, durables, et qui constituent le mode d'éclairage le plus économique.

On ne peut s'empêcher de reconnaître l'analogie qui existe entre les machines dynamo-électriques et les nouvelles machines électriques de Holtz et de Tœpler.

Ce sont des machines électriques sans frottement, qui transforment, comme les machines dynamo-électriques, un mouvement rotatoire, en courants doués d'une haute tension. Le jeu de la machine de Holtz sous ses formes diverses repose essentiellement sur la polarisation locale qui se produit en plusieurs points d'un disque tournant de verre, en regard de peignes métalliques qui recueillent les fluides libres, de manière qu'il s'établit une circulation continue. La machine a besoin d'être amorcée ; ensuite on n'a plus qu'à tourner la manivelle pour entretenir les courants ou les jets d'étincelles, ils s'alimentent directement de la force mécanique employée à produire la rotation. Cet effet est surtout sensible lorsqu'on fait tourner les volants à force de bras. Au début de l'expérience, cela va tout seul ; mais, dès que l'on voit venir les étincelles, une résistance invisible pèse sur la roue, et l'on sent qu'on dépense sa force en feu et en bruit au bout des conducteurs.

Un phénomène des plus caractéristiques qui s'observe aussi bien avec les machines de Holtz qu'avec les machines d'induction de diverses espèces, c'est en effet la grande résistance qu'il faut vaincre quand l'appareil est en pleine activité. Dans la machine de Wilde, la courroie de transmission qui fait tourner l'armature du grand électro-aimant commence à glisser dans la gorge de la poulie lorsque les courants atteignent l'intensité maximum ; en même temps les fils des bobines s'échauffent quelquefois au point de faire prendre feu à l'enveloppe isolante de soie qui les entoure. La résistance qui se manifeste ici vient de la réaction exercée par les courants induits sur les aimants qui les font naître, car on produit ces courants en faisant tourner la bobine en sens contraire du mouvement qu'ils tendent eux-mêmes à lui imprimer.

Cette circonstance semble établir une analogie assez frappante entre les phénomènes de la cohésion d'une part et ceux du magnétisme de l'autre. Lorsque nous essayons de détruire la cohésion par une action mécanique quelconque, nous provoquons presque toujours des vibrations élastiques qui se manifestent, pour le sens du toucher, sous la forme de frémissements, pour l'oreille sous la forme d'ondes sonores. De même, lorsque nous cherchons à vaincre l'attraction magnétique, nous donnons naissance à des courants induits : ne dirait-on pas une vibration née de la rupture de l'équilibre des forces polaires? Il est difficile de décider dès à présent de quelle nature peut être la vibration de l'éther qui produit les forces électriques, — si c'est, par exemple, une vibration tournante, une vibration de *torsion*, ou bien un autre mouvement oscillatoire d'une forme inconnue. Les phénomènes qui accompagnent la transmutation du mouvement en courants d'induction semblent destinés à éclaircir ce point capital, et à nous mettre sur la voie de la théorie mécanique de l'électricité.

En attendant, les nouvelles machines constituent un très grand progrès au point de vue pratique, puisqu'un simple arrangement de quelques fils et de quelques plaques de fer permet d'accroître dans une progression étonnante la plus faible provision de magnétisme. Il suffit, nous l'avons vu, de placer la machine dans le méridien magnétique pour que déjà elle commence à s'aimanter sous l'influence du globe terrestre. Si l'on fait ensuite tourner la roue, la faible trace de polarité magnétique qui s'est développée spontanément s'enfle, s'accroît, et déborde bientôt en courants d'induction d'une puissance qui semble n'avoir pas de limites.

Les appareils dynamo-électriques, qui d'ailleurs reçoivent chaque jour quelque perfectionnement plus ou moins important, rendent dès à présent l'éclairage électrique pour ainsi dire portatif, en réduisant considérablement le volume des générateurs qu'ils nécessitent. Les machines de Gramme servent à l'éclairage d'une foule d'usines, et cet éclairage ne revient qu'à 20 ou 30 centimes.

On a essayé aussi d'installer des machines magnéto-électriques à bord des navires pour alimenter de petits phares destinés à éclairer la route du bâtiment comme de véritables lanternes électriques. Une petite fraction de la force qui fait tourner les roues ou l'hélice d'un paquebot suffirait pour allumer et pour entretenir toute la nuit son fanal, et, si cet éclairage était adopté par tous les navires à vapeur, la Manche ressemblerait la nuit à un boulevard.

CHAPITRE VII

LES MOTEURS ÉLECTRIQUES

L'idée d'utiliser l'attraction et la répulsion magnétique comme force motrice d'une machine est fort ancienne. Nous avons déjà mentionné la roue à aimant de pierre de Maricourt, dont Kircher a plus tard varié la construction. Après la découverte de l'électro-magnétisme, des tentatives plus sérieuses ont été faites par un grand nombre d'inventeurs. On peut dire qu'en thèse générale tout mécanisme magnéto-électrique est susceptible d'être *renversé*, c'est-à-dire de devenir un moteur. En lui fournissant par une pile le courant qu'il devrait engendrer par la transformation du travail employé à le faire tourner, il prend spontanément une rotation inverse de celle que lui imprimait d'abord la main, car cette rotation inverse représente la réaction du courant pendant l'effort de la main.

Seulement il se présente ici une difficulté imprévue. Le mouvement spontané de la machine, étant inverse de celui qui produirait un courant de même sens, fait naître des courants induits opposés à celui de la pile, et qui diminuent l'intensité de ce dernier; une faible fraction seulement de l'électricité se convertit en travail mécanique, le reste s'en va en contre-courants.

Les premiers essais suivis dans cette direction furent faits par M. de Jacobi, l'inventeur de la galvanoplastie, à Saint-Pétersbourg, vers 1835. Il réussit, en 1839, à remonter la Neva avec une chaloupe contenant douze personnes qu'un moteur électrique fit marcher pendant plusieurs heures contre le vent et contre le courant. L'appareil se composait de deux larges disques garnis chacun de quatre électro-aimants perpendiculaires à son plan, et dont l'un était fixe, l'autre mobile autour d'un axe horizontal. On obtenait une rotation continue par des alternatives d'attraction et de répulsion qui se manifestaient quand des électro-aimants mobiles passaient en regard des électro-aimants fixes. Bien qu'elle fût servie par une pile de cent vingt-huit couples, cette machine ne fournissait qu'un travail de $\frac{3}{4}$ de cheval-vapeur. Aussi M. de Jacobi renonça-t-il à demander à l'électricité un travail mécanique.

Parmi les moteurs électriques les plus connus, nous citerons celui de Ritchie. C'est un aimant en fer à cheval (fig. 101), entre les pôles duquel tourne un petit électro-aimant dont les pôles sont alternativement attirés et repoussés par les pôles de l'aimant fixe, parce que leur polarité change à chaque demi-tour. On obtient le renversement périodique du courant dans la bobine de l'électro-aimant en laissant pendre les extrémités du fil dans un godet rempli de mercure et divisé en deux compartiments séparés par une cloison.

Le moteur auquel M. Froment a attaché son nom se compose d'une roue garnie de huit fers doux équidistants, qui tourne entre les pôles de six électro-aimants (dans la figure, on a enlevé le châssis qui porte les deux aimants supérieurs). Un commutateur composé de quatre ressorts et fixé en avant de l'appareil distribue le courant de la pile dans les bobines de manière qu'il y ait constamment attraction entre deux électro-aimants opposés et deux fers doux, et il en résulte un mouvement de rotation continu.

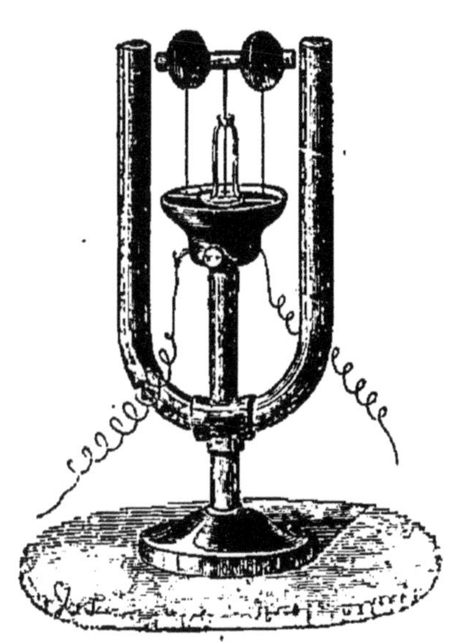

Fig. 101. — Appareil de Ritchie.

Dans quelques machines, comme dans celle de M. Larmenjeat, l'attraction s'exerce jusqu'au contact; on obtient ce résultat en faisant rouler l'un sur l'autre deux cylindres parallèles, dont l'un est en fer, l'autre en cuivre à raies de fer.

A côté des moteurs électriques à rotation continue, on a ceux où le mouvement est alternatif, comme dans le moteur que M. Bourbouze a construit pour la Sorbonne (fig. 103). Ici deux pistons de fer doux, s'enfonçant alternativement dans deux bobines, font mouvoir un balancier dont l'oscillation produit la rotation d'un volant ; un excentrique commande le commu-

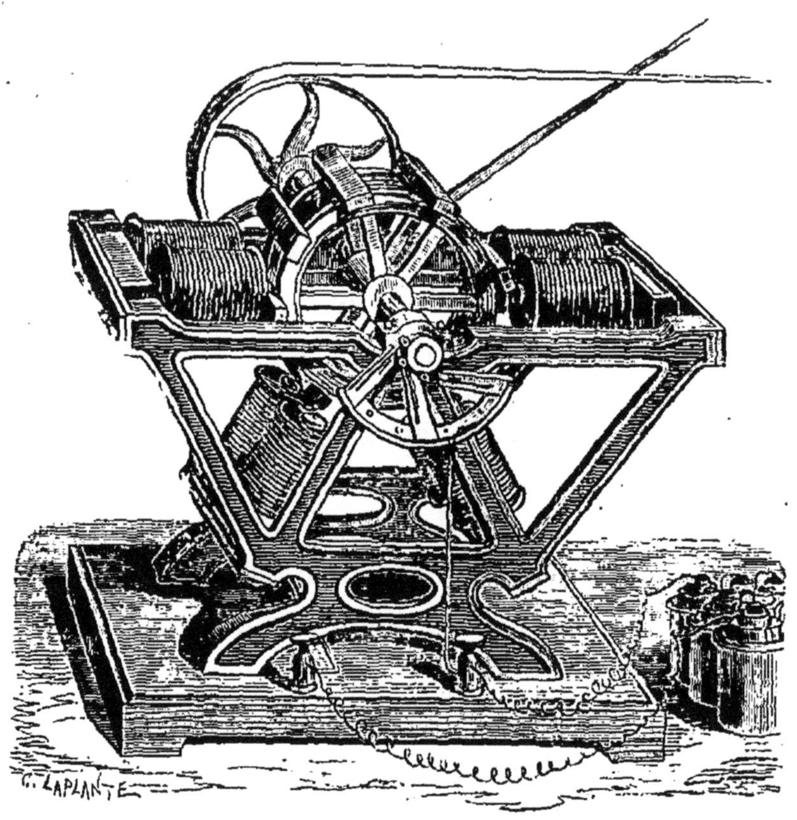

Fig. 102. — Moteur électrique de Froment.

tateur, qui joue ici le rôle des tiroirs de la machine à vapeur.

Un des moteurs électriques qui ont donné les meilleurs résultats est celui de M. Kravogl, qui a figuré, à l'Exposition universelle de 1867, dans la section autrichienne ; il se compose d'un tube de laiton circulaire autour duquel sont enroulées dix-huit bobines, et dans l'intérieur duquel peut glisser un lourd noyau de fer doux qui occupe un peu moins de la moitié du tube (un arc égal à huit bobines). Cet électro-aimant circulaire est encastré dans un anneau de fer doux, mobile autour d'un axe horizontal. Les extrémités du fil de chaque bobine sont reliées à l'axe de rotation, et une disposition spéciale permet de faire passer constamment le courant d'une pile dans les trois bobines qui défilent à droite ou à gauche de l'axe de rotation; le noyau mobile s'aimante alors, et l'attraction qu'il exerce sur les bobines fait qu'il est soulevé en même temps que les bobines descendent : il en résulte que la roue prend un mouvement de rotation continu.

Malgré la perfection des mécanismes divers qui ont été imaginés depuis quarante ans dans le dessein de transformer l'électricité en travail mécanique, nous sommes encore loin du but : le travail électrique est beaucoup trop cher, il coûte environ trente fois plus que le travail de la vapeur. Les recherches de M. de Jacobi, l'étude comparative que M. Edm. Becquerel a faite en 1855 des moteurs qui figuraient à l'Exposition universelle de Paris (comme membre d'une Commission que présidait M. Wheatstone), enfin les travaux de MM. Joule et Scoresby, ont beaucoup contribué à poser nettement le problème.

On remarque d'abord que ce nouvel emploi de l'électricité comporte deux causes de pertes inévitables; les courants d'induction que développe le mouvement même des organes du moteur, et les contre-courants que fait naître l'induction des courants commençants sur eux-mêmes. Il en résulte un affaiblissement notable du courant de la pile ; d'après M. de Jacobi, le maximum de travail a lieu seulement quand le courant se trouve ainsi réduit à la moitié de sa valeur normale.

L'obstacle le plus grave, c'est le prix exorbitant des

Fig. 105. — Moteur électrique de M. Bourbouze.

matières premières qui sont consommées par la pile : en 1855, les meilleurs moteurs dépensaient au moins 2 kilogrammes de zinc par heure pour fournir la force d'un cheval, ce qui représente une dépense de 1 fr. 50 sans compter les acides, ou 3 fr. 50 en tout, tandis que les machines à vapeur consomment à peine pour 10 centimes de houille par heure et par cheval. Ce qu'il faudrait trouver, par conséquent, ce serait un succédané peu coûteux du zinc, ou bien un moyen d'abaisser le prix de ce métal. Si l'on parvenait à régénérer le zinc et l'acide sulfurique qui forment le sulfate de zinc déposé dans les couples, ce serait une révolution dans l'emploi industriel de l'électricité.

Les machines exposées en 1855 fournissaient à peine le travail de $\frac{1}{8}$ d'homme (1 kgm. par sec.) ; cependant Froment était arrivé à réaliser un moteur électrique de la force d'un cheval ; mais c'était un appareil pesant 800 kilogrammes. Le moteur de Kravogl fournissait $\frac{1}{100}$ de cheval-vapeur ; un moteur de Markus, $\frac{1}{10000}$ de cheval.

Pour le moment, il faut donc se contenter de demander à l'électricité des ouvrages délicats, exigeant une grande vitesse et peu de force, comme par exemple le travail des télégraphes, des machines à diviser, etc. La régularité et la rapidité du mouvement, la facilité de l'arrêter instantanément, enfin la possibilité de le transmettre au loin, sont des avantages précieux qui assignent à l'électricité ouvrière un domaine spécial où elle règne en souveraine.

Peut-être aussi que le problème de l'électricité à bon marché comporte une solution indirecte. Voici celle qui a été ébauchée par M. Niaudet.

Deux machines magnéto-électriques étant placées dans le même circuit, la première peut être employée à faire tourner la seconde. C'est une expérience qui réalise la transmission de la force à distance : les deux appareils peuvent se comparer à deux poulies, et le fil qui les réunit à une courroie. Dès lors il suffit d'établir une machine de ce genre près d'une source de force mécanique, telle qu'une chute d'eau, et de transmettre le courant obtenu par un câble métallique à une seconde machine pour transformer celle-ci en moteur.

M. Gramme a fait l'expérience suivante. Une machine magnéto-électrique, commandée par un moteur à vapeur de la force d'un cheval, fournissait un courant qui, envoyé dans une seconde machine semblable, produisait un travail de 39 kilogrammètres mesurés au frein de Prony, c'est-à-dire un peu plus de la moitié de la force primitive. Après une double transformation du travail en électricité et de l'électricité en travail, un pareil rendement est tout à fait digne d'attention. Ne voit-on pas là un moyen d'utiliser au loin les chutes d'eau des montagnes, la force de la marée disponible sur les côtes, et tant d'autres sources naturelles de force mécanique qui sont perdues pour l'industrie, faute de pouvoir être transportées dans les villes que l'industrie ne peut pas quitter? C'est le moyen de faire venir la montagne à Mahomet.

Prenons pour exemple les barrages de la Seine, qui permettent aux ingénieurs de régler le cours du fleuve sur toute la partie navigable. A chacun de ces barrages se rencontre une différence du niveau qui permettrait d'établir une chute régulière et une turbine pour l'utiliser. Pourquoi ces forces perdues ne seraient-elles pas amenées dans les villes voisines? Le barrage de Port-à-l'Anglais par exemple, qui n'est qu'à un ou deux kilomètres des fortifications, a un débit qui représente quelque chose comme 3000 chevaux-vapeur qu'on laisse perdre. Si cette force énorme, recueillie par des turbines, était employée à faire tourner des machines dynamo-électriques dont les courants fussent transmis à d'autres machines semblables, installées dans les ateliers de Paris, on aurait des moteurs à peu de frais; en admettant un rendement d'un tiers, la force utilisée équivaudrait encore à 1000 chevaux. La perte éprouvée en route dépasserait peut-être les deux tiers, et le rendement serait moins favorable; mais l'expérience ne mériterait-elle pas d'être tentée?

CHAPITRE VIII

LE DIAMAGNÉTISME. — VUES THÉORIQUES

Si le fer est, de toutes les substances, celle où les propriétés magnétiques se manifestent avec le plus d'intensité, ces propriétés se rencontrent pourtant, à un moindre degré, dans d'autres métaux, et même, en élargissant un peu la définition du magnétisme, on peut dire que tous les corps sont plus ou moins sensibles aux sollicitations de cette force mystérieuse.

On savait depuis longtemps que deux métaux, le nickel et le cobalt, sont attirables à l'aimant, et qu'ils peuvent prendre un magnétisme permanent ; on avait réussi à fabriquer des aiguilles de boussoles en cobalt et en nickel parfaitement purs. Dans les collections minéralogiques de Saint-Pétersbourg, il y avait des échantillons de minerai de platine qui offraient une polarité nettement accusée. Le physicien hollandais Brugmans voulut en 1778 approfondir cette question. Il examina une foule de substances en les faisant flotter sur l'eau ou sur le mercure et en leur présentant l'un des pôles d'un fort aimant. Il trouva un grand nombre de corps qui obéissaient à l'attraction magnétique, notamment tous ceux qui renferment des traces de fer. Les corps organiques étaient attirés davantage lorsqu'on les réduisait en cendres. Quelques pierres fines, comme le grenat, s'aimantaient d'une manière durable ; les terres blanches, comme la craie, et les cristaux parfaitement limpides se montraient au contraire insensibles à l'attraction de l'aimant. Enfin Brugmans constata que le bismuth était *repoussé* par les deux pôles.

Coulomb reprit ces recherches en 1812 à l'aide de sa balance magnétique et de la méthode des oscillations. La sensibilité de ces procédés est telle que l'attraction magnétique lui révélait les plus faibles traces de fer. Un alliage d'argent et de fer où le fer n'entrait que pour $\frac{1}{183000}$ paraissait encore exercer une influence sur l'aiguille aimantée. On fut dès lors tenté d'expliquer le magnétisme de certains corps, comme le nickel, par la présence du fer. Mais d'après Biot, une aiguille d'un nickel où le célèbre chimiste Thénard n'avait pas trouvé la moindre trace de fer acquérait un pouvoir magnétique égal au tiers de celui d'une aiguille d'acier des mêmes dimensions, lorsqu'on les frottait avec le même aimant[1]. Comment attribuer un effet aussi sensible à des traces de fer que l'analyse la plus habile était impuissante à découvrir? Il fallut donc se rendre à l'évidence et convenir

[1] On a expérimenté, tout récemment, la boussole à aiguille de nickel de M. Wharton ; mais les résultats n'ont pas été satisfaisants.

que le nickel était une substance magnétique comme le fer. Hansteen d'ailleurs, en continuant les expériences de Coulomb, trouva que la plupart des corps, surtout ceux qui s'étendent dans le sens vertical, prenaient sous l'influence du magnétisme terrestre une faible polarité propre.

En 1824, M. Becquerel, en observant les effets produits par des aimants très énergiques, vit des aiguilles de bois, de gomme-laque, etc., se diriger parfois perpendiculairement à la ligne des pôles, comme par suite d'une polarité transversale. Le Baillif, en 1827, entreprit d'étudier les propriétés magnétiques de diverses substances à l'aide d'un appareil qu'il nomma *sidéroscope*, parce qu'il devait révéler la présence des plus faibles traces de fer; c'était un fétu de paille suspendu horizontalement à un fil et muni à ses extrémités de deux aiguilles à coudre aimantées dont l'ensemble réalisait un levier astatique. Le Baillif constata que l'antimoine et le bismuth repoussaient les aiguilles.

Grâce à la puissance extraordinaire de ses électro-aimants, Faraday put, en 1845, faire un pas de plus et démontrer que tous les corps sont sensibles à l'action de l'aimant : les uns, les corps magnétiques dans l'ancienne acception du terme, sont attirés, les autres repoussés. Placés entre les pôles d'un aimant, ces derniers se mettent en croix avec la ligne des pôles, tandis que les premiers se dirigent suivant cette ligne ; c'est à cette circonstance que font allusion les noms que Faraday donne aux uns et aux autres. Il appelle corps *paramagnétiques* les corps magnétiques proprement dits, comme le fer, et corps *diamagnétiques* ceux qui, comme le bismuth, sont repoussés par les pôles de l'aimant.

La figure 104 représente l'appareil qu'on emploie pour ces expériences. C'est un puissant électro-aimant dont les deux branches, opposées l'une à l'autre, peu-

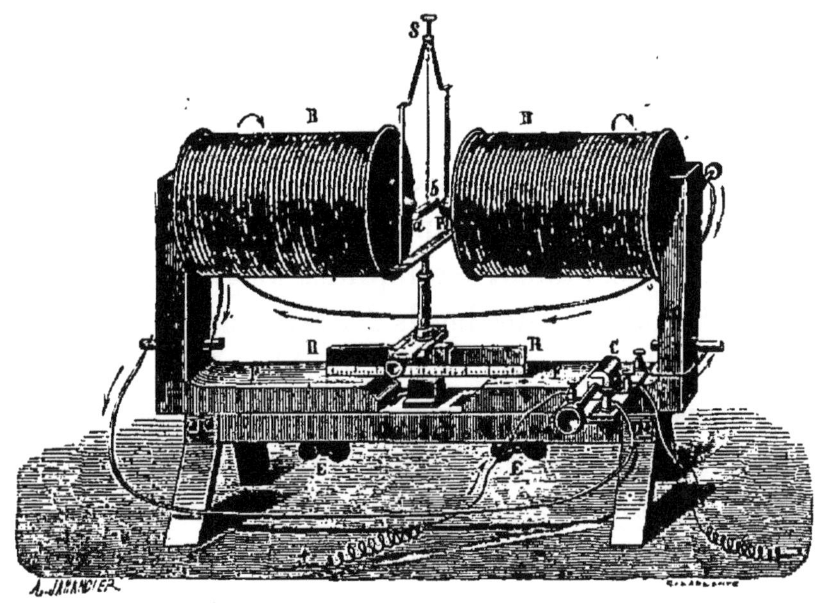

Fig. 104. — Diamagnétisme.

vent être écartées à volonté. Les pôles sont munis d'armures terminées par de petits cônes ; c'est entre ces cônes qu'on suspend à un fil un petit barreau, formé de la substance que l'on veut exposer à l'action de l'électro-aimant. Si cette substance est magnétique, le barreau prend la position *axiale*, c'est-à-dire qu'il se dirige parallèlement à la ligne des pôles, comme une aiguille aimantée ; si elle appartient à la catégorie des corps diamagnétiques, le barreau prend la position *équatoriale*, c'est-à-dire qu'il se dirige perpendiculairement à la ligne des pôles, comme par l'effet d'une répulsion symétrique. Le mouvement de rotation par lequel il se dirige dans cette ligne se fait indifféremment de droite à gauche ou de gauche à droite, ce qui prouve que les deux pôles agissent de la même façon. On peut d'ailleurs aussi constater cette répulsion, en donnant aux substances diamagnétiques la forme d'une petite boule.

Pour étudier les liquides, Faraday les enfermait dans des tubes de verre. Plücker les déposait en couches très minces sur un verre de montre qu'il plaçait sur deux armatures horizontales; les liquides magnétiques s'accumulent au-dessus des bords des armatures et y forment deux saillies parallèles, les liquides diamagnétiques se creusent aux mêmes endroits.

L'action des aimants sur les gaz a été constatée par M. Bancalari, en plaçant une flamme un peu au-dessous des deux pôles, terminés en pointes; la flamme se déprime et se jette des deux côtés de l'axe. Plücker a étudié ensuite les gaz colorés, en observant la déviation d'un courant ascendant sous l'influence des pôles de l'aimant. Faraday réussit à rendre visible la déviation d'un jet de gaz incolore, en le chargeant d'un peu d'acide chlorydrique et en lui opposant un petit tube rempli d'ammoniaque, où l'acide chlorhydrique dégageait des vapeurs blanches. Il put constater que l'oxygène est fortement magnétique, et que c'est à peu près le seul gaz qui ait cette propriété. M. Edmond Becquerel avait d'ailleurs découvert les propriétés magnétiques de l'oxygène dès 1849. D'après ses évaluations, à poids égal, l'oxygène est environ 3000 fois moins magnétique que le fer ; or, la densité de l'oxygène étant $\frac{1}{700}$, 2 mètres cubes de ce gaz, à la pression d'une atmosphère, pèsent un peu moins de 3 kilogrammes et agiraient, par conséquent, sur l'aiguille aimantée comme 1 gramme de fer, en les supposant comprimés sous un petit volume. L'oxygène ne formant qu'un cinquième du poids de l'air, et l'azote étant à peu près indifférent (comme aussi l'hydrogène et l'acide carbonique), l'air est, à poids égal, cinq fois moins magnétique que l'oxygène ; 1 mètre cube d'air a un pouvoir magnétique représenté par 11 centigrammes de fer, et l'influence de l'atmosphère entière équivaut à celle d'une couche de fer d'une épaisseur de $\frac{1}{10}$ de millimètre qui couvrirait toute la terre.

Voici la liste des principaux corps magnétiques ou diamagnétiques :

CORPS MAGNÉTIQUES :

Métaux. — Fer, nickel, cobalt, platine, palladium, titane, manganèse, chrome, cérium, osmium, lanthane, molybdène.

La plupart des oxydes et sels de métaux magnétiques.

Le papier, la porcelaine, la tourmaline, etc.

L'oxygène, le bioxyde d'azote.

CORPS DIAMAGNÉTIQUES :

Métaux. — Bismuth, antimoine, zinc, étain, cadmium, mercure, plomb, argent, cuivre, or, arsenic, uranium, rhodium, iridium, tungstène.

Phosphore, soufre, charbon, tellure, iode.

La plupart des oxydes et sels de métaux diamagnétiques.

L'eau, la glace, l'alcool, l'éther, les huiles, les essences et, en général, les substances organiques : cire, bois, ivoire, cuir, lait, sang, etc.

L'hydrogène et la plupart des autres gaz.

Ainsi, depuis le fer jusqu'au bismuth, on peut classer tous les corps en une série continue, où l'action exercée par l'aimant est d'abord attractive et va en décroissant, puis s'annule et enfin devient répulsive et augmente.

Quelle est la cause de cette action, qui se manifeste d'une manière si générale? L'attraction que le fer subit de la part d'un aimant s'explique, nous l'avons vu, par une polarité temporaire qu'il prend sous l'influence de l'aimant, chaque pôle de ce dernier faisant naître un pôle de nom contraire, qu'il attire. Eh bien! pour nous rendre compte de la répulsion diamagnétique, il suffit de généraliser cette explication et d'admettre que les pôles de l'aimant développent, dans certaines substances, des *pôles de même nom*.

Cette hypothèse s'était tout de suite présentée à l'esprit de Faraday, comme la plus naturelle, et quoiqu'il l'ait abandonnée plus tard, elle paraît la seule acceptable dans l'état actuel de nos connaissances, surtout depuis les recherches que Guillaume Weber et John Tyndall ont consacrées à cette question.

Pour démontrer que le pôle nord d'un aimant développe à l'extrémité voisine d'un barreau de bismuth un pôle de même nom, il suffit de constater que l'extrémité ainsi influencée est attirée par le pôle sud d'un autre aimant et repoussée par son pôle nord. Enveloppé d'une bobine magnétisante, le barreau de bismuth prend, comme le fer doux, deux pôles opposés, seulement le pôle austral est à la droite du courant au lieu d'être à sa gauche, comme cela s'observe lorsqu'on opère sur un barreau de fer doux. Il s'ensuit qu'un solénoïde développe dans le bismuth une polarité contraire de celle qu'il fait naître dans le fer.

Un autre résultat tout à fait inattendu des recherches de Faraday, c'est que l'effet que l'aimant produit sur une substance donnée *dépend de la nature du milieu ambiant.* Une solution de sulfate de fer, par exemple, enfermée dans un tube de verre, est magnétique dans l'air ; mais, si l'on suspend le tube dans une solution du même sel, on trouve qu'il est paramagnétique, indifférent ou diamagnétique, suivant que le degré de concentration du liquide qu'il contient est supérieur, égal ou inférieur à celui de la solution dont il est entouré.

M. Edmond Becquerel a résumé ces faits comme il suit. L'effet réel qu'un pôle d'aimant produit sur un corps plongé dans un liquide donné se compose de l'attraction que ce corps subit directement et de la poussée qu'exerce sur lui en sens inverse le liquide, dont toutes les parties subissent également l'attraction de l'aimant. Cette poussée est égale et contraire à l'action qu'éprouve de la part de l'aimant la masse liquide que déplace le corps en question. C'est le principe d'Archimède, appliqué aux actions magnétiques.

Tous les corps sont donc *magnétiquement lourds,*

c'est-à-dire sollicités par une attraction plus ou moins sensible en présence d'un aimant, mais, plongés dans un milieu plus *lourd* qu'eux, ils nous paraîtront *légers*, c'est-à-dire qu'ils éprouveront en définitive une répulsion par suite de la poussée du milieu ambiant. Les corps magnétiquement légers sont ceux que nous avons appelés diamagnétiques. L'air et le vide de la machine pneumatique lui-même sont des milieux fortement magnétiques ou *lourds;* tout aimant y développe une pression qui s'exerce sur les corps plongés dans ces milieux, et qui agit en sens contraire de l'attraction que ces corps éprouvent eux-mêmes de la part de l'aimant.

L'attraction qu'on mesure n'est donc que la différence des effets qu'éprouvent des volumes égaux de la substance examinée et du fluide ambiant. Tous les chiffres obtenus dans l'air doivent être corrigés de la poussée magnétique de ce gaz, qui tend à diminuer le magnétisme apparent des corps, à les rendre diamagnétiques. C'est ainsi que nous sommes obligés de *réduire au vide* les poids mesurés dans l'air, en y ajoutant le poids du volume d'air déplacé.

Il ne faut pas oublier toutefois que le magnétisme spécifique de beaucoup de substances, ainsi corrigé de la poussée de l'air, reste encore négatif, en d'autres termes que ces corps restent diamagnétiques ou magnétiquement légers dans le vide. M. Becquerel, comme nous l'avons vu, en conclut que le vide lui-même est un milieu magnétique. Il se pourrait que cette hypothèse ne fût pas conforme à la réalité, et que le diamagnétisme fût une propriété réelle de certains corps; mais, dans ce cas, il serait difficile de le faire cadrer avec la théorie d'Ampère.

Faraday, Plücker et M. Edmond Becquerel ont mesuré le *magnétisme spécifique* d'une foule de substances, et l'ont comparé à celui du fer, à poids égal ou bien à volume égal. Il s'est trouvé que les forces diamagnétiques surtout sont extrêmement faibles : d'après M. Becquerel, la répulsion que le pôle d'un aimant exerce sur 1 gramme d'eau est à peine $\frac{1}{300000}$ de l'attraction exercée sur 1 gramme de fer ; 1 gramme de mercure éprouve, d'après Plücker, une répulsion quatre ou cinq fois plus faible encore que celle d'un gramme d'eau.

Voici, d'après M. Becquerel, les pouvoirs magnétiques de quelques substances, comparés à celui du fer (à poids égaux et dans le vide) :

Fer.	+ 1000 000
Perchlorure de fer.	+ 140
Oxygène.	+ 377
Air.	+ 88
Eau.	— 3
Bismuth.	— 7

Le signe + indique qu'une substance est magnétique, le signe — qu'elle est diamagnétique. La structure des corps a une influence très sensible sur la position qu'ils prennent lorsqu'on les suspend entre les pôles d'un aimant. Pour les cristaux, cette position d'équilibre dépend de l'axe cristallographique. Plücker a fait à ce sujet de curieuses recherches, dont les résultats sont trop compliqués pour être rapportés ici. Nous nous bornerons à citer quelques expériences de MM. Tyndall et Knoblauch, qui montrent comment la disposition des molécules d'un corps doit influer sur ses propriétés magnétiques. On prépare un disque avec de la pâte de farine et on y plante des fils de fer ; ce disque, étant suspendu par un point de son contour, se place en croix avec la ligne des pôles de l'aimant. Avec des fils de bismuth, il se dirige parallèlement à cette ligne. Des disques plats obtenus en comprimant fortement une pâte ferrugineuse se placent équatorialement comme le disque garni de fils de fer, tandis que des disques de bismuth en poudre se dirigent axialement. C'est donc la ligne du plus grand tassement qui devient la ligne de polarité élective. Enfin une pile formée de disques de papier recouvert d'émeri magnétique se dirige en travers de la ligne de pôles, et une pile de papier couvert de bismuth suivant cette ligne. Cette expérience fait prévoir ce qui arrive pour des cristaux magnétiques, comme le béryl, ou diamagnétiques comme la topaze, qui sont clivables dans un sens déterminé.

Une des plus belles expériences de Faraday est celle par laquelle, après bien des essais infructueux, il réussit en 1845 à réaliser l'aimantation de la lumière. On appelle rayon *polarisé* un rayon de lumière où les vibrations s'exécutent dans un plan déterminé : telle est la lumière qui a traversé un prisme de Nicol. Lorsqu'on la regarde à travers l'oculaire du polariscope, on peut trouver une position de l'oculaire où la flamme cesse d'être visible. Une plaque du verre pesant de Faraday, interposée sur le trajet des rayons, ne produit aucun changement tant qu'elle est à l'état naturel; mais si elle se trouve entre les pôles d'un électro-aimant, elle devient *active* au moment où le courant circule dans l'aimant : elle imprime à la lumière une sorte de rotation qui a pour effet de faire reparaître l'image de la flamme. Cette image disparaît de nouveau au moment où le courant est interrompu.

Il faut que les rayons traversent la plaque suivant la ligne des pôles ; pour faciliter l'expérience, on emploie un électro-aimant à noyaux forés. La rotation du plan de polarisation s'observe d'ailleurs avec tous les corps transparents, solides ou liquides. Verdet et M. Bertin ont fait beaucoup d'expériences à ce sujet. On la réalise aussi en introduisant la plaque de verre dans une bobine que traverse un courant; dans ce cas, l'aimant se trouve remplacé par un solénoïde. Dans les gaz, le phénomène ne se produit pas : il faut l'intervention d'une matière solide ou liquide, ce qui prouve que le magnétisme agit ici sur les molécules pondérables du corps transparent.

Ce n'est pas d'ailleurs le seul point par lequel se touchent les domaines, en apparence si éloignés l'un de l'autre, de la lumière et des forces électriques. Deux physiciens d'une incontestable compétence, Clerk Maxwell et Lorenz, sont même arrivés à cette conclusion, que le milieu qui propage les ondes lumineuses est en même temps celui qui propage les actions électriques, et que les vibrations qui produisent la lumière ne sont au fond que des espèces de courants électriques changeant rapidement et périodiquement de sens. Il y aurait là le point de départ d'une théorie mécanique de l'électricité et du magnétisme, surtout si l'on parvenait à fixer la nature des petits mouvements de l'éther qui constituent les manifestations électriques. Sont-ce des vibrations tournantes, ou, comme le veut M. Hankel, des tourbillons d'atomes dont l'axe de rotation coïncide avec la direction du courant? M. Hankel a réussi à déduire de cette conception la plupart des phénomènes connus de l'électricité; seulement la loi qui, dans cette théorie, exprime l'action réciproque de deux éléments de courants n'est pas celle d'Ampère. Ce ne serait pas une objection qui nous forçât de rejeter la théorie, car la loi élémentaire d'Ampère, si elle suffit pour rendre compte des phénomènes, n'est point la seule qui remplisse cette condition. Toutefois M. Hankel n'a encore fait qu'ébaucher cette théorie, et ce qui est certain, c'est que pour le moment la branche de la physique qui comprend l'électricité et le magnétisme est encore un vaste champ ouvert aux hypothèses.

TABLE DES GRAVURES

TABLE DES MATIÈRES

I. — LES AIMANTS

II. — LE MAGNÉTISME TERRESTRE

III. — L'ÉLECTRO-MAGNÉTISME

1404. — Imprimerie A. Lahure, rue de Fleurus, 9, à Paris

www.ingramcontent.com/pod-product-compliance
Ingram Content Group UK Ltd.
Pitfield, Milton Keynes, MK11 3LW, UK
UKHW020307230726
13925UKWH00001B/268